在已經見不到了！！！

明明很可愛！古生物圖鑑

真想穿越數億年的時光與你們相見……

～走入史前時代一起認識地球的先祖們～

和我們生活於不同時代，現在已經滅絕的古生物們。雖然沒辦法一睹芳容，但卻能夠盡可能重現其樣貌與生態。連接過去與現在的奇蹟古生物園，就此開園！

序言

首先，找出喜歡的古生物吧！

你有「推薦的古生物」嗎？

果然是暴龍嗎？

還是加拿大奇蝦呢？

抑或是長毛猛瑪象？

只能從化石一睹芳容的滅絕古生物們，樣貌、生態皆充滿著謎團，讓許多研究人員都為之著迷，日夜不停地研究解明。

本書會從眾多古生物中選出120種動物來介紹。雖然隨著研究進展知曉了姿態，但其生態仍舊謎團重重。期望本書幫助各位一窺古生物學家挑戰謎團的樂趣。

跟一般的圖鑑不同，本書不是按照時代順序、分類順序收錄內

容，請大家輕鬆愜意地享受古生物們的話題。古生物學家也認為，這是能夠輕鬆投入其中的科學。

本書是由地球科學可視化技術研究所的芝原曉彥先生監修；筆觸絕妙的插圖是由專司恐龍、古生物造型插圖的ACTOW德川廣和先生與山本彩乃小姐負責；編輯是由伊勢出版的伊勢新九朗先生、笠倉出版社的新居美由紀小姐擔任；設計是由若狹陽一先生、加藤祐生先生等負責，大家協同合作完成這本輕鬆有趣的古生物書籍。期望各位閱讀完後能夠找到自己「推薦的古生物」。

土屋　健

目錄

明明很可愛！古生物圖鑑
~走入史前時代一起認識地球的先祖們~

第1章 可愛恐龍們的素顏

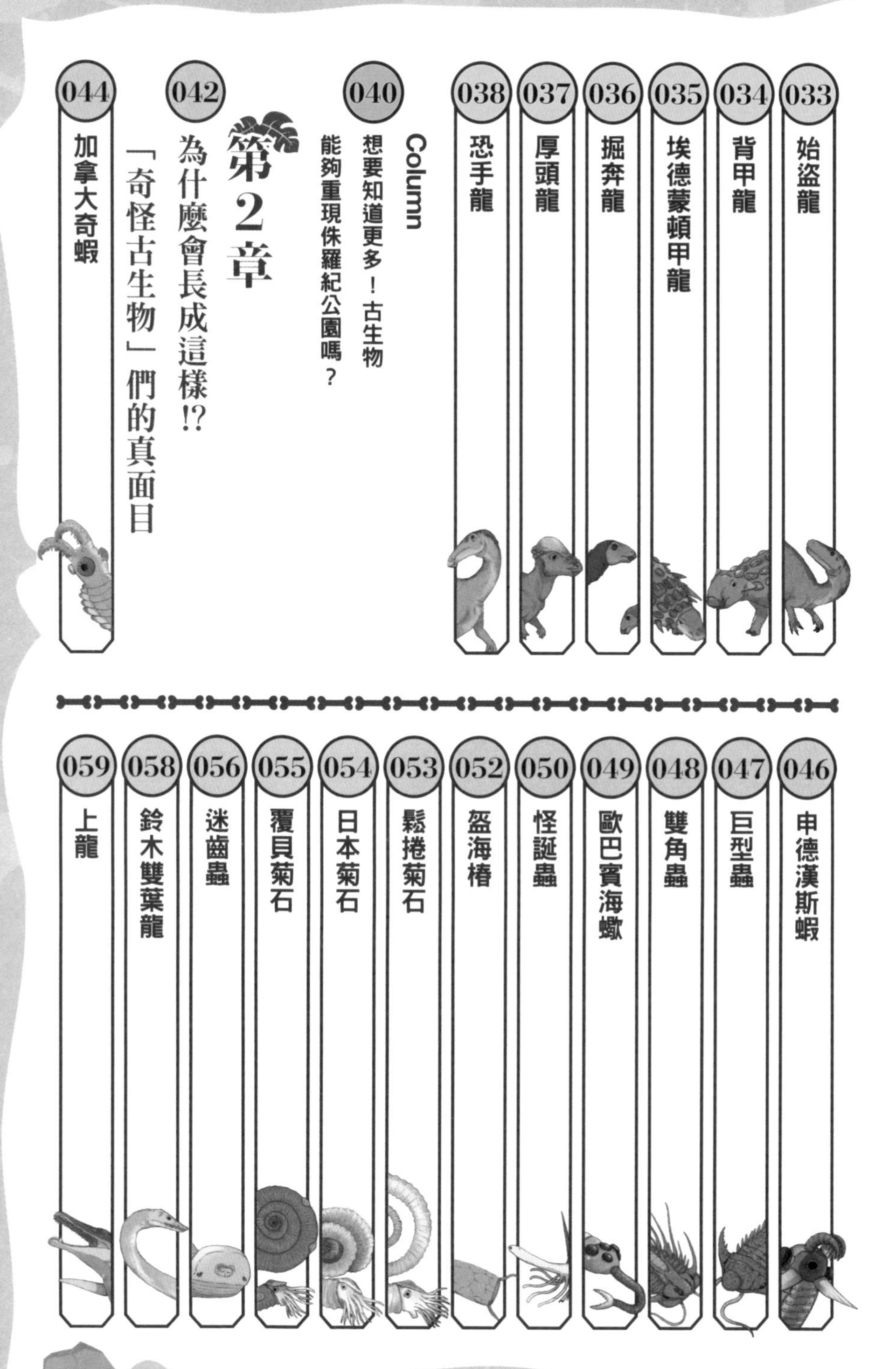

第2章

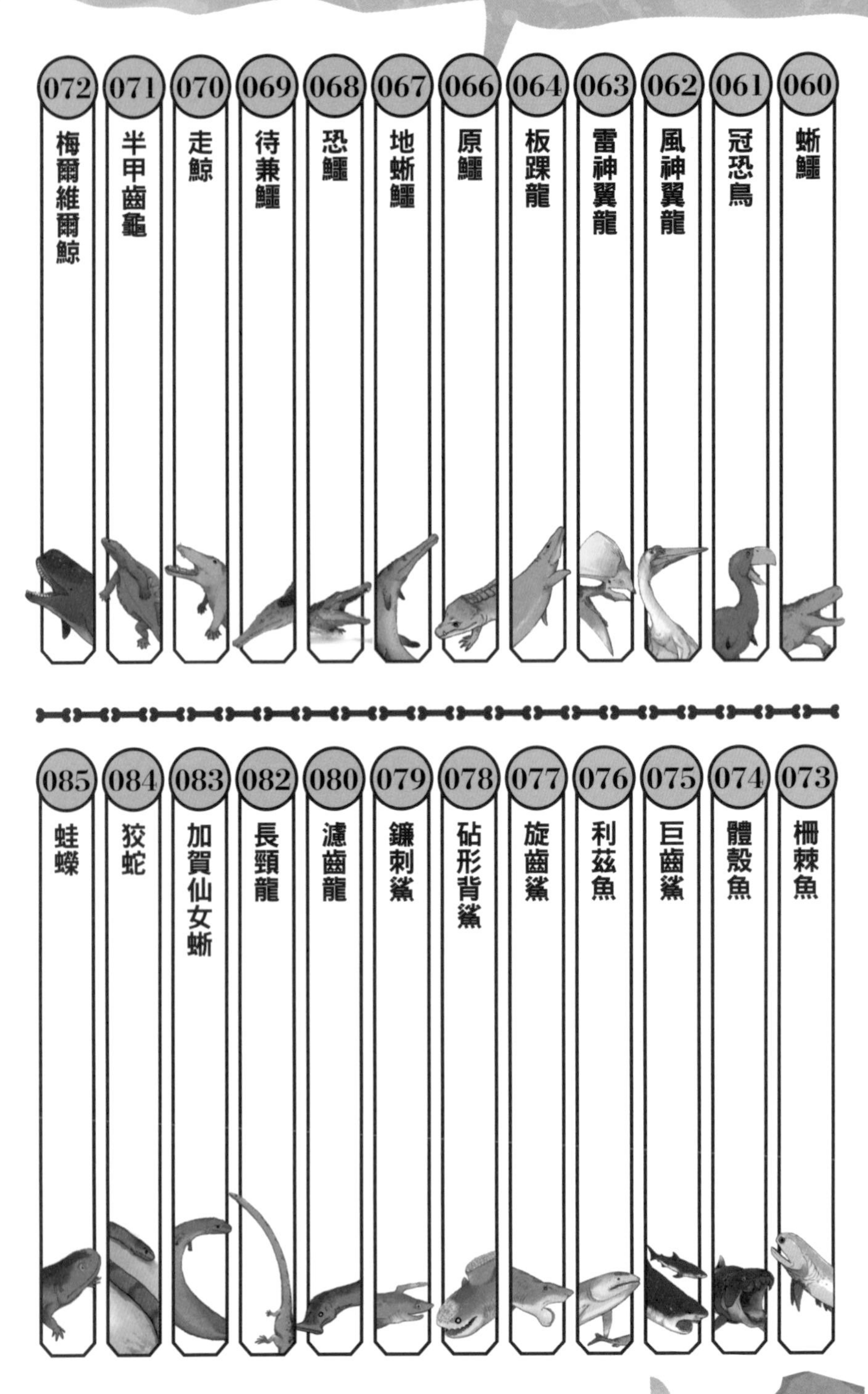

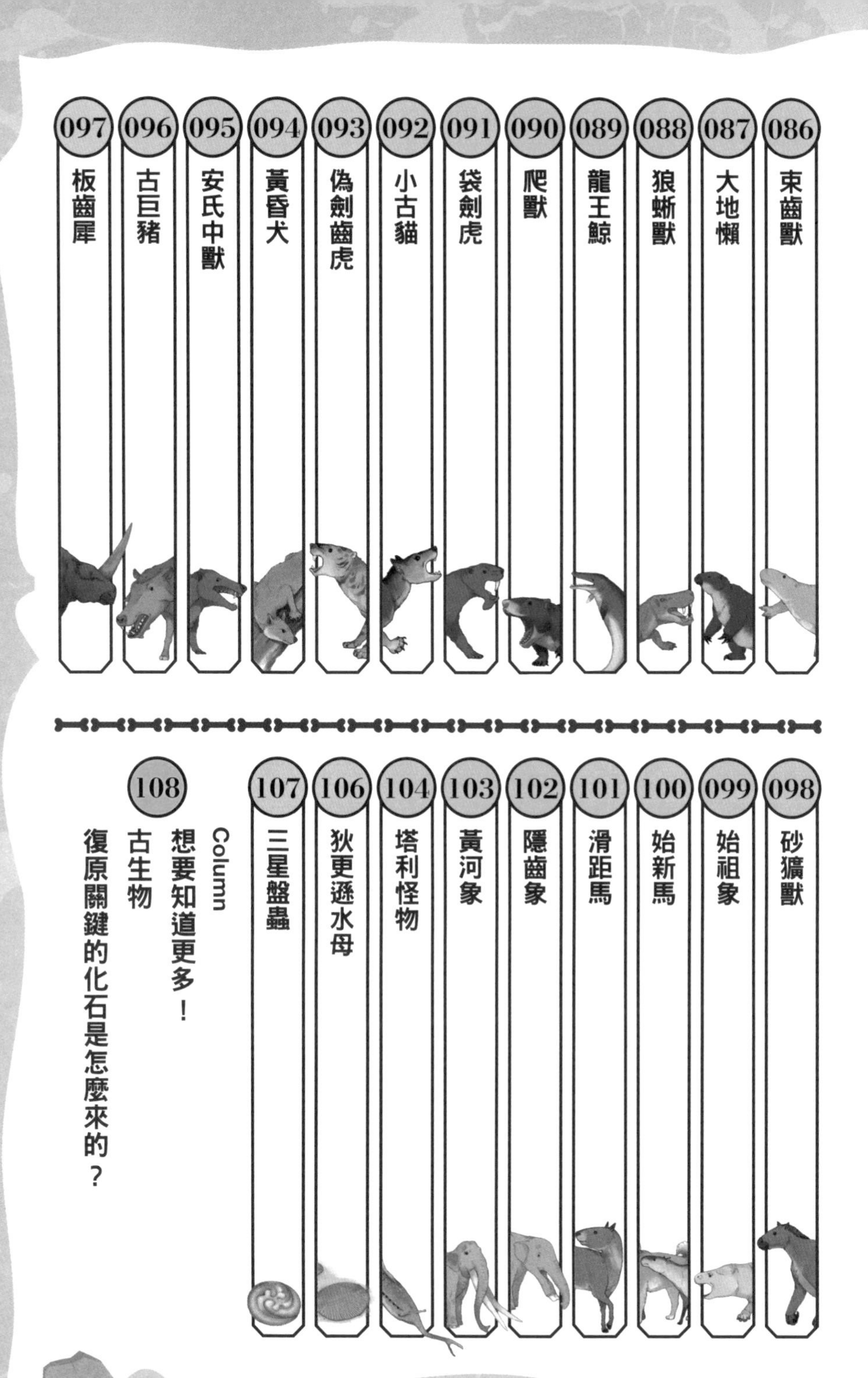

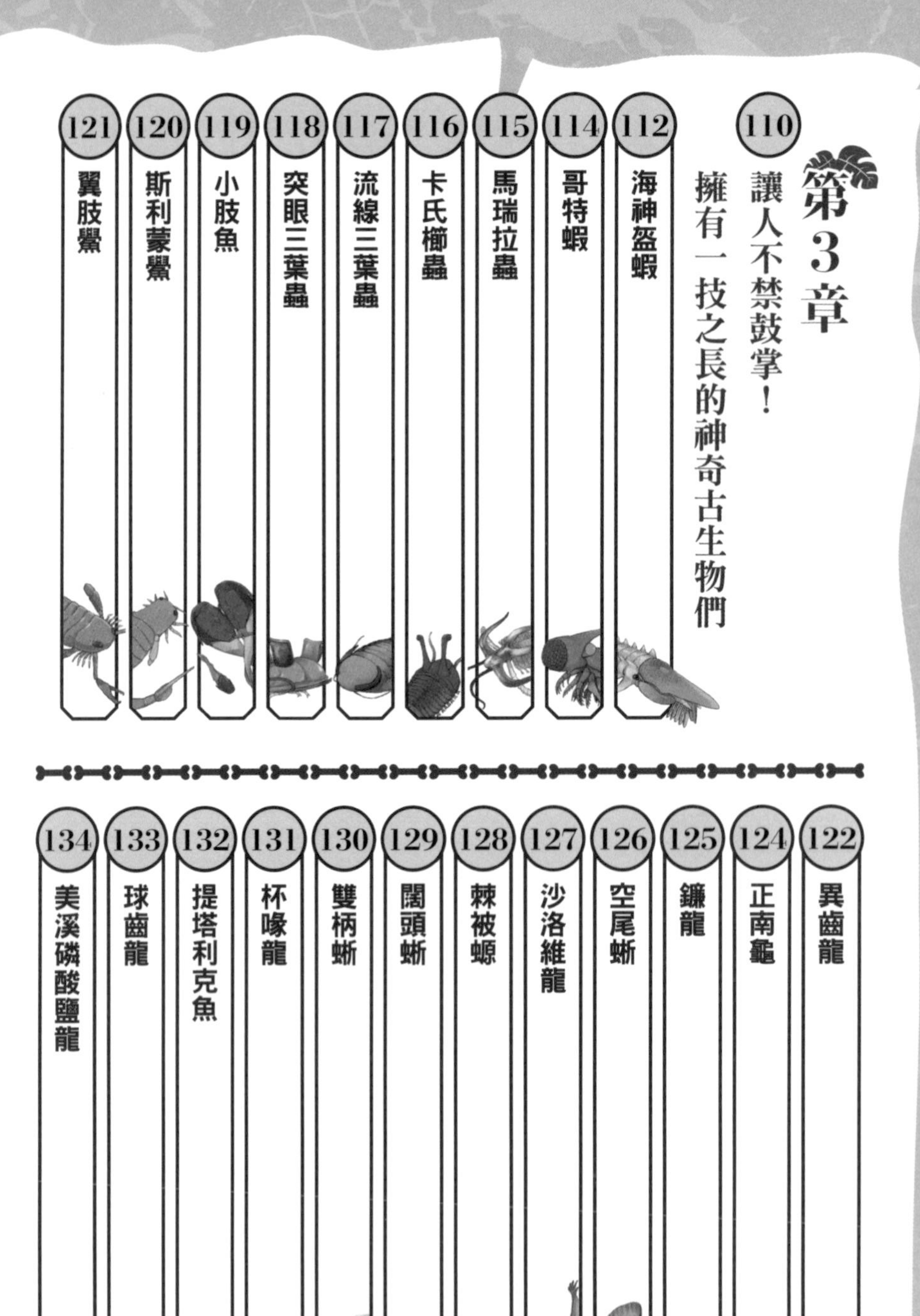

第3章

讓人不禁鼓掌！擁有一技之長的神奇古生物們

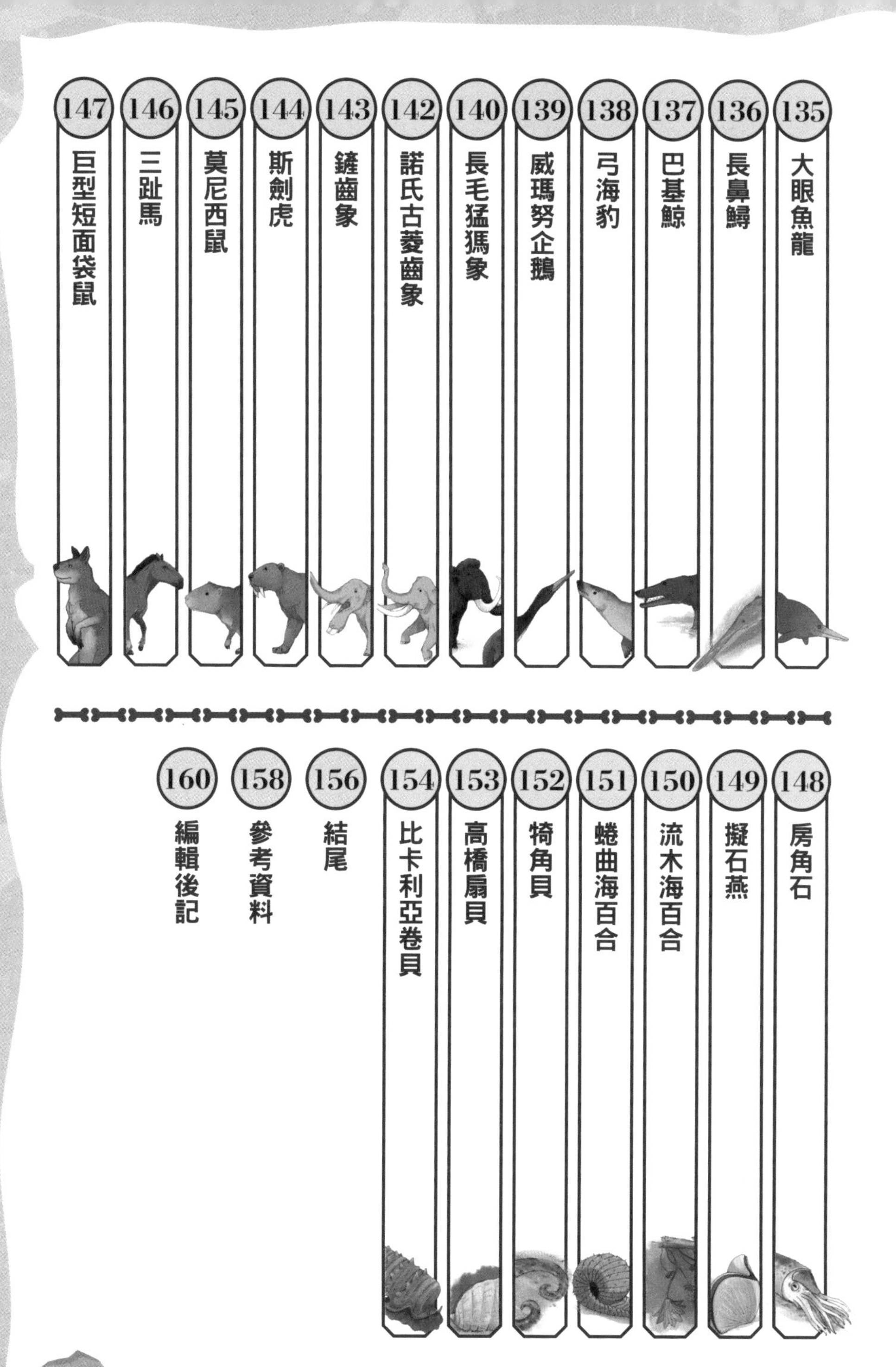

古生物們的生存時代
~追溯進化的足跡吧~

本書選出了各種令人憐愛的古生物們，但沒有依照時代分類這些生物。因此，好奇牠們生存於哪個時代的人，請對照各古生物資料記載的時代與這邊的圖表。

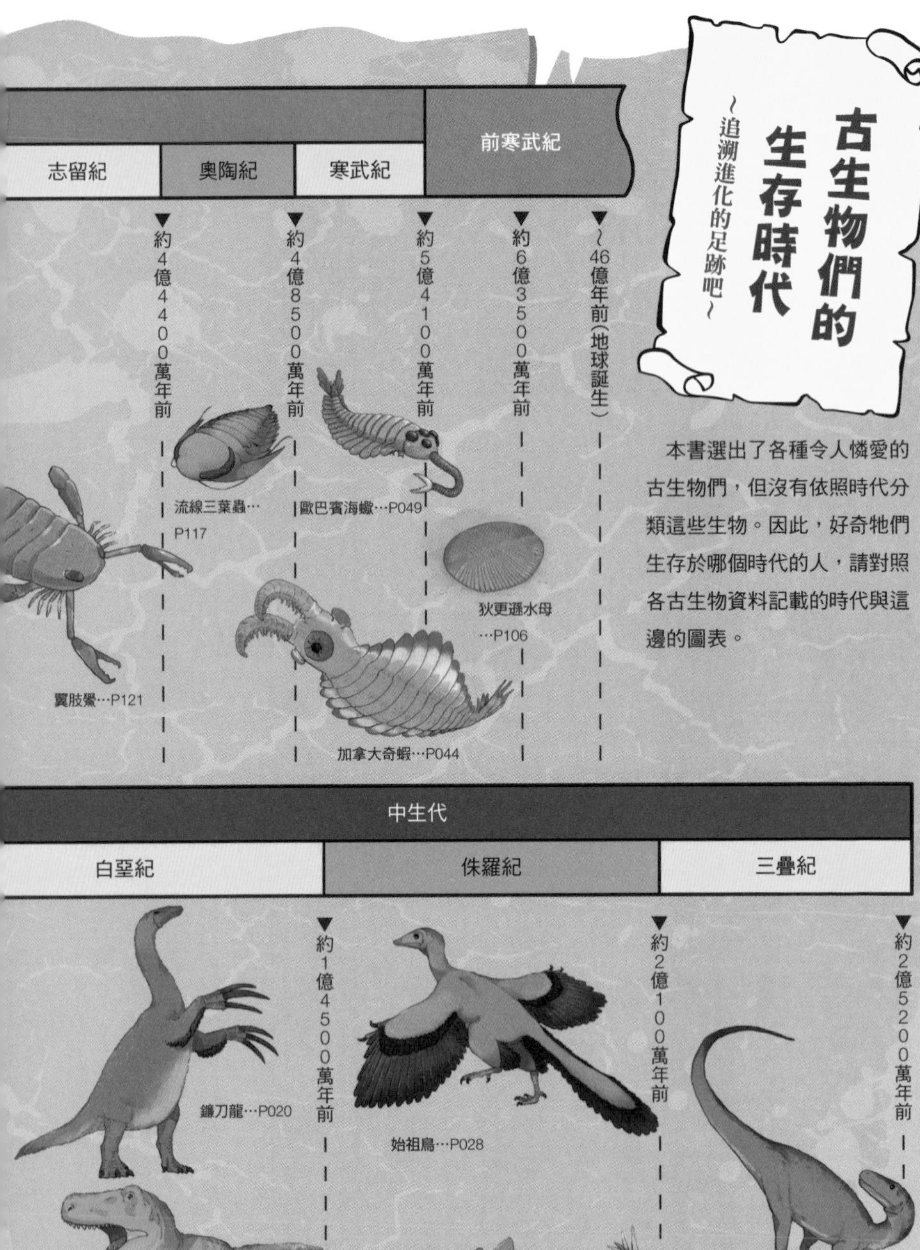

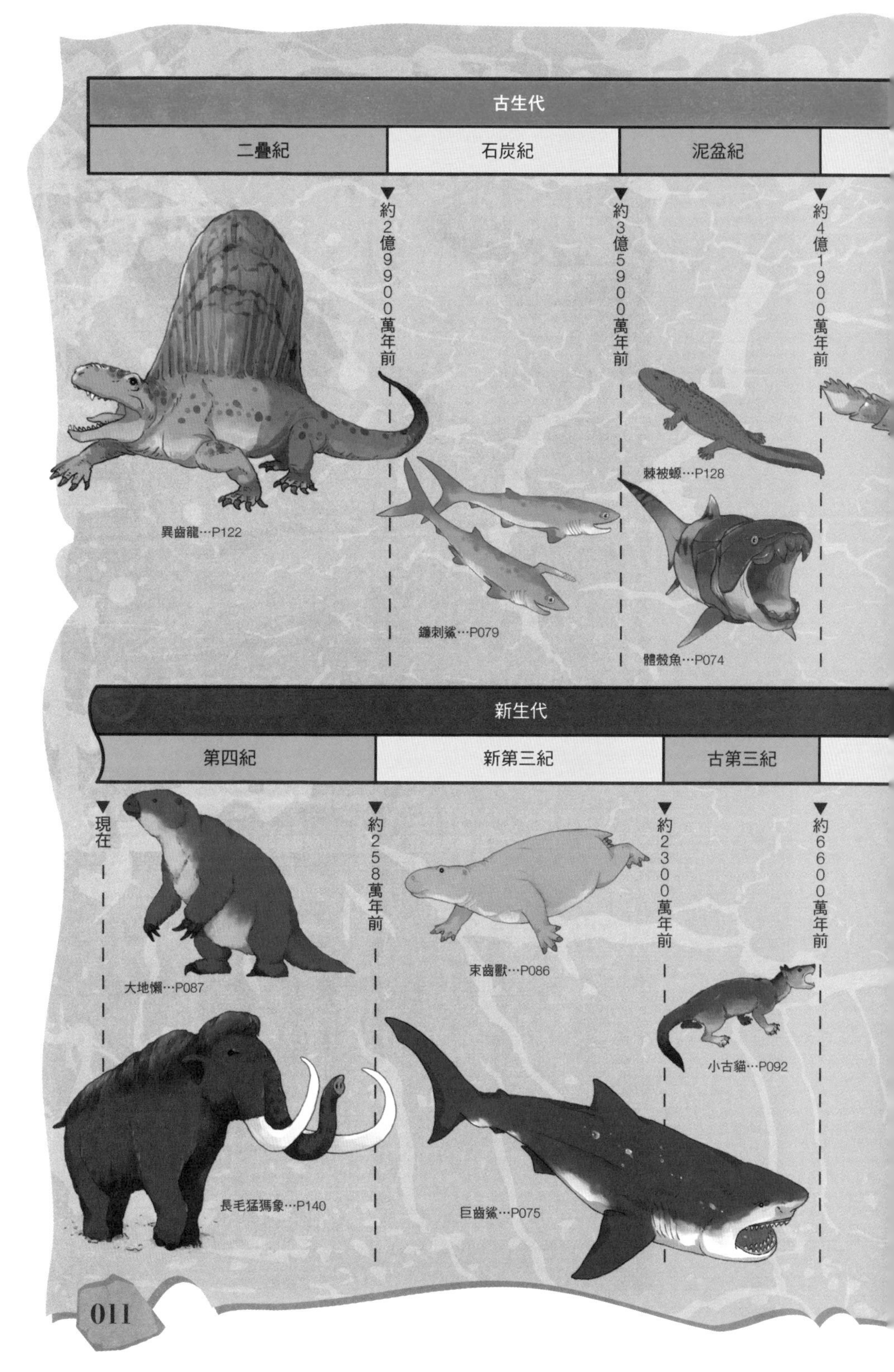

古生代
二疊紀
石炭紀
泥盆紀
約2億9900萬年前
約3億5900萬年前
約4億1900萬年前
異齒龍…P122
鐮刺鯊…P079
棘被螈…P128
體殼魚…P074
新生代
第四紀
新第三紀
古第三紀
現在
約258萬年前
約2300萬年前
約6600萬年前
大地懶…P087
束齒獸…P086
小古貓…P092
長毛猛獁象…P140
巨齒鯊…P075

第1章

真想見一見！

可愛恐龍們的素顏

這章會介紹若有
「恐龍總選舉」之類的
活動，絕對會被提名出來
的恐龍們。
你曉得牠們的真實樣貌嗎？

關於暴龍的最新熱門話題之一是，這種恐龍「有沒有覆蓋毛茸茸的羽毛？」

在「恐龍圖鑑」，收錄了許多覆蓋羽毛的恐龍。然而，發現帶有羽毛的恐龍化石其實少之又少。

那麼，為什麼有些圖鑑會畫上羽毛呢？這是因為羽毛本身不像骨頭容易轉為化石，難以斷言「沒有發現＝沒有羽毛」。於是，學者認為如果近緣種長有羽毛的話，該恐龍也可能帶有羽毛。

暴龍也因為亞洲的近緣種（29頁）長有羽毛，而被認為本身也帶有羽毛。

暴龍

肉食恐龍的代表。生命史上最大型的陸上肉食動物，同時也是優秀獵人的恐龍，又被稱為「超肉食恐龍」。

- **名稱**：暴龍
- **學名**：*Tyrannosaurus*
- **全長**：12m
- **化石產地**：美國、加拿大
- **生存時代**：中生代白堊紀
- **分類**：蜥龍類 獸腳類 暴龍類

可能有點熱（汗）

毛不毛茸正是問題所在！

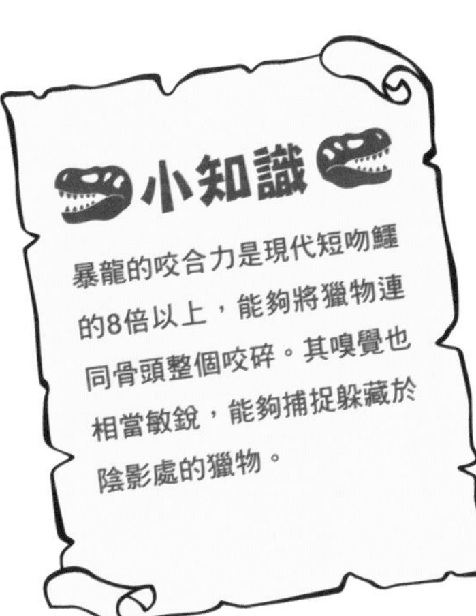

小知識
暴龍的咬合力是現代短吻鱷的8倍以上，能夠將獵物連同骨頭整個咬碎。其嗅覺也相當敏銳，能夠捕捉躲藏於陰影處的獵物。

然而，2017年提出了暴龍「鱗片化石」的報告，認為恐龍的羽毛是由鱗片變化而來的。換言之，身上出現鱗片的話，就不會長有羽毛。這項研究指出，暴龍全身都覆蓋著鱗片，即便帶有羽毛也只是一小部分而已。

趣味小事典：兩根指頭的短小前腳，其功用目前仍舊不明。

巴塔哥泰坦巨龍

這是2017年提出的巨大恐龍，被稱為「史上最大型」的物種之一。「最大型」的身軀帶著重重謎團。

- 名稱：巴塔哥泰坦巨龍
- 學名：*Patagotitan*
- 全長：37m
- 化石產地：阿根廷
- 生存時代：中生代白堊紀
- 分類：蜥龍類 蜥腳形類 蜥腳類

「史上最大」體溫也高！光是活著就會過熱？

啊，好熱……
熱到不行！！

就目前所知史上最大的恐龍。全長37m，以極為巨大的身軀為傲。行駛於日本公路上的「大型公車」，長度約為11m，三台大型公車排在一起仍舊不及這種恐龍的長度。

自然界遵循「碩大則強」的原則。巴塔哥泰坦巨龍屬於草食性，本身不會襲擊其他物種，而如此龐大的身軀，肉食動物也不敢輕易襲擊吧。

比較有問題的地方是體重，學者推測牠們重達69t。

身軀愈大的動物，愈不容易釋放體溫，體內積蓄著熱量。根據2008年發表的研究，重達55t的恐龍體溫高達48℃。

一般來說，動物的體溫超過45℃時，構成身體的組織會承受不了高溫。就連55t的恐龍，也稍微超過該界限，更不用說69t的巴塔哥泰坦巨龍，身體總是處於過熱狀態吧。

在這樣的狀態下要如何生存……正是巨大恐龍身上的謎團。

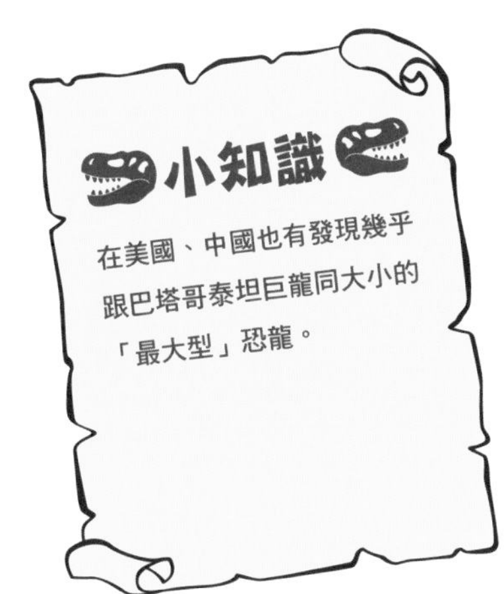

小知識
在美國、中國也有發現幾乎跟巴塔哥泰坦巨龍同大小的「最大型」恐龍。

趣味小事典： 發現當時巴塔哥泰坦巨龍被報導為「40m的恐龍」。

哎？是這個名字嗎？

過去稱為「雷龍」

迷惑龍

- **名稱**：迷惑龍
- **全長**：23m
- **生存時代**：中生代侏羅紀
- **學名**：*Apatosaurus*
- **化石產地**：美國
- **分類**：蜥龍類 蜥腳形類 蜥腳類

在「昭和時代」，牠們被稱為「雷龍（***Brontosaurus***）」。「***Brontosaurus***」意為「雷聲蜥蜴」，真的是完全符合其龐大身軀的命名。相信許多讀者應該都是記得這個名字吧。

隨著研究的進展，瞭解到雷龍跟迷惑龍為同種。遇到這樣的場合，會統一為最先命名的名稱。迷惑龍比雷龍早約2年命名，所以採用迷惑龍作為這種恐龍的名稱。

不過，近年也有學者指出「兩者應該是不同的物種」。

趣味小事典：「Apatosaurus」意為「令人迷惑的蜥蜴」。

下顎的力量比人類還要貧弱，但可靠尾巴的棘刺攻擊!?

劍龍

- **名稱**：劍龍
- **全長**：6.5m
- **生存時代**：中生代侏羅紀
- **學名**：*Stegosaurus*
- **化石產地**：美國、葡萄牙、俄羅斯
- **分類**：鳥臀類 裝甲類 劍龍類

「劍龍類」草食恐龍家族的代表物種，特徵為背部兩排並列的骨板。骨板表面分布細微的血管，並與骨頭內部相連接，當骨板照射日光可溫暖血液，在陰涼處吹風可冷卻血液。換言之，牠們能夠透過活用骨板有效率地調節體溫。

尾巴的棘刺可不是虛張聲勢，裡頭確實填滿了骨頭，非常堅固。其棘刺硬到足以作為武器，實際上就有發現異特龍（24頁）的腰骨化石，殘留被這個棘刺貫穿的痕跡。

趣味小事典： 下顎的力量非常貧弱，約為人類的三分之一。

擁有生物界最長的爪子!?但不曉得用處是什麼!!

鐮刀龍

- 名稱：鐮刀龍
- 全長：7.5m
- 生存時代：中生代白堊紀
- 學名：*Therizinosaurus*
- 化石產地：蒙古
- 分類：蜥龍類 獸腳類

觀看骨頭化石，可知長有長達70㎝的爪子。骨爪前端為不殘留化石的角蛋白爪（每天都會生長的「指甲」），所以爪子整體的長度可能將近1ｍ。鐮刀龍大概是古今中外爪子最長的動物。

然而，這個長爪的用途不明，一點都不鋒利，就「僅只是較長」的爪子而已。

學者認為鐮刀龍為草食性，爪子不會用來攻擊，也沒有找到使用的理由。這個爪子是鐮刀龍身上最大的謎團。

趣味小事典： 胖嘟嘟的肚子裡可能有綿長的腸道。

獲得翅膀來求愛!?
然後，展開愛的浪漫飛行……

似鳥龍

- **名稱**：似鳥龍
- **全長**：3.5m
- **生存時代**：中生代白堊紀
- **學名**：*Ornithomimus*
- **化石產地**：美國、加拿大
- **分類**：蜥龍類 獸腳類 似鳥龍類

被稱為「鴕鳥恐龍」，姿態貌似現生※鴕鳥的恐龍之一。成體的胳膊長有翅膀。

雖然長有翅膀，但不管怎麼想身體構造都不適合飛行。而且，目前已知幼體並沒有翅膀。由這些理由推測，這對翅膀應該是「用來求愛」。

已經確認好幾種恐龍長有翅膀。在長有翅膀的恐龍中，似鳥龍被認為是「較為原始的存在」。因此，學者推測恐龍類的翅膀最初不是為了飛翔，而是為了求愛而發達。翅膀有助於表達愛意。

※現生：現生物種，英文為「Extant taxon」，與之相反則是滅絕物種。

趣味小事典： 似鳥龍類基本上都是草食性。

史上最大的肉食恐龍是四足步行、生活於水中？

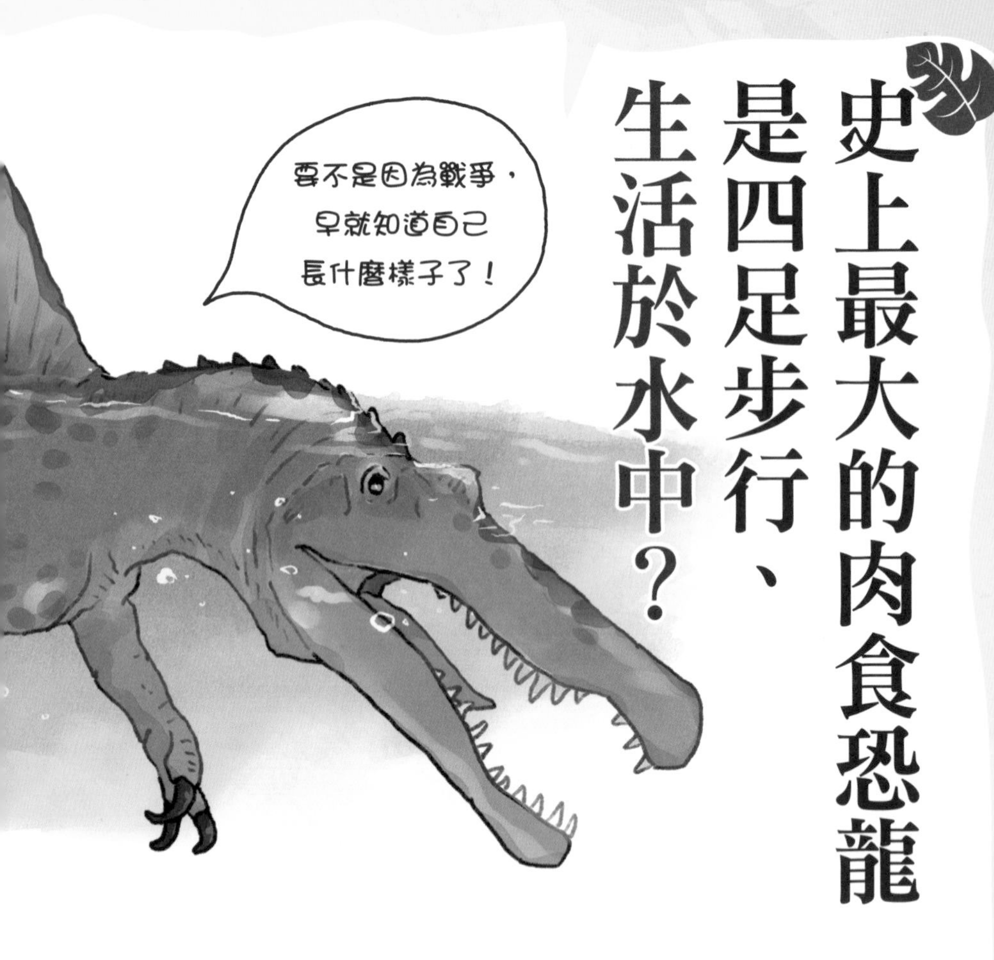

巨棘龍被認為是史上最大的肉食恐龍，雖說是「肉食」但主食是魚類。細長的嘴吻與圓錐狀的牙齒不好咬碎、撕裂，而適合刺穿游於水中的魚類，一口吞下去來捕食。

這種擁有「史上最大的肉食恐龍」榮譽的食魚恐龍，有著巨大的謎團。其實，我們並不曉得其整體樣貌。

最初發現、留有最多這種恐龍特徵的化石標本，受到第二次世界大戰的爆擊粉碎。雖然後來找到其他化石，但都沒有「最初化石」來得完整，缺少足夠的資訊復原。

巨棘龍

背部長有獨特帆棘的肉食恐龍。作為肉食恐龍，體型比暴龍還大上一圈，是目前所知最巨大的身體。

- **名稱**：巨棘龍
- **學名**：*Spinosaurus*
- **全長**：15m
- **化石產地**：埃及、摩洛哥、突尼西亞等
- **生存時代**：中生代白堊紀
- **分類**：蜥龍類 獸腳類

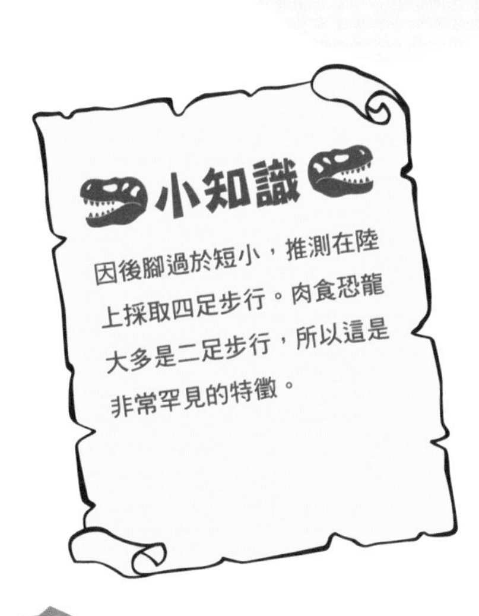

小知識

因後腳過於短小，推測在陸上採取四足步行。肉食恐龍大多是二足步行，所以這是非常罕見的特徵。

2014年，發表了使用電腦的復原圖。將最初化石相關的論文、後續發現的幾個部分化石、近緣種的資料輸入電腦中組合，復原成後腳短小、前腳長大的獨特姿態。在肉食恐龍中屬於罕見的「短腿」。這項研究進一步推測，其生活主體可能不是在陸上，而是在水中。

趣味小事典： 帆棘被認為沒有特別的機能。

追尋獵物追到無底沼澤？
受到氣味吸引的大量死亡

異特龍

名稱：異特龍
全長：8.5m
生存時代：中生代侏羅紀～白堊紀？
學名：*Allosaurus*
化石產地：美國、葡萄牙、法國
分類：蜥龍類 獸腳類

在某化石產地，發現大量這種恐龍的化石。一般生態系中，大型肉食動物的數量理論上比較少。若非如此，獵物很快就會被吃得精光。然而，在此化石產地，這種肉食恐龍的化石卻多到異常。

對於這個謎題，有人提出那邊曾經是「無底沼澤」的假說。先有少數幾隻恐龍踏進該沼澤動彈不得，接著發現這些「容易捕獲的獵物」的異特龍，自己也踏進沼澤中。該異特龍死後發出的腐臭味，又吸引了其他異特龍……一隻接著一隻，結果就留下大量的化石。

趣味小事典： 跟暴龍類相比，異特龍整體比較細長。

陷入恐龍的足跡，慘了！

五彩冠龍

- 名稱：五彩冠龍
- 學名：*Guanlong*
- 全長：3.5m
- 化石產地：中國
- 生存時代：中生代侏羅紀
- 分類：蜥龍類 獸腳類 暴龍類

五彩冠龍是，具有無厚度冠狀突起的小型肉食恐龍。歸屬於「暴龍類」家族，該家族約在8000萬年後出現有名的暴龍（14頁）。

五彩冠龍的化石發現於巨大恐龍殘留的足跡中，該足跡深度超過1m。學者推測，當時足跡可能積滿混雜火山灰的泥水。

不曉得是失足跌進去，還是認為沒有那麼深而踏入，唯一知道的是五彩冠龍落入積滿泥水的足跡，最後迎接死亡。多麼倒楣的恐龍啊。

趣味小事典： 在相同足跡中，還發現另外三具小型恐龍的化石。

被稱為「白堊紀的牛」的草食性恐龍

埃德蒙頓龍

- **名稱**：埃德蒙頓龍
- **全長**：9m
- **生存時代**：中生代白堊紀
- **學名**：*Edomontosaurus*
- **化石產地**：加拿大、美國
- **分類**：鳥臀類 鳥腳類

現生牛類的牙齒，是由四種組織構成。不同組織的硬度不一樣，使用的過程中會隨硬度形成凹凸。在磨碎進食植物時，這個凹凸非常有幫助。

另一方面，多數爬蟲類（包含恐龍類）的牙齒，僅由兩種組織構成。由此可知，牛是多麼優秀的草食動物吧。

埃德蒙頓龍脫離了這類「爬蟲類的常識」，牙齒有六種組織，超越牛的組織數。單就牙齒組織數來看，牠們是超越牛的高規格草食者。因此，牠們又被稱為「白堊紀的牛」。

趣味小事典：埃德蒙頓龍跟牛一樣具有能夠咀嚼的下顎。

意料之外的音樂家!? 運用犄角奏出旋律？

似櫛龍

- **名稱**：似櫛龍
- **全長**：7.5m
- **生存時代**：中生代白堊紀
- **學名**：*Parasaurolophus*
- **化石產地**：美國、加拿大
- **分類**：鳥臀類 鳥腳類 鴨嘴龍類

恐龍的叫聲是什麼樣的聲音呢？這是過去許多人心中的疑問。然而，實際上，沒有人聽過恐龍的叫聲。

嚴格來說，學者認為似櫛龍發出的聲音不是叫聲，而是如管樂器雙簧管的聲響。當空氣通過獨特犄角的內部空洞時，會發出傳至遠方的低音。

而且，據說這個聲響會隨著成長而改變，幼小時的聲音稍微高一些。牠們可能是藉由聲音的高低，判斷同伴的成長情況也說不定。

趣味小事典： 這個聲響已經實際透過製作模型確認了。

能飛還是不能飛!?擁有高知名度的始祖鳥之謎

始祖鳥

- **名稱**：始祖鳥
- **全長**：50cm
- **生存時代**：中生代侏羅紀
- **學名**：*Archaeopteryx*
- **化石產地**：德國
- **分類**：蜥龍類 獸腳類 鳥類

稱為「始祖鳥」的「名人」，人們經常討論「牠們真的會飛行嗎？」

早先由振翅的胸部肌肉不發達，推測牠們可能無法飛行。肩膀的關節也沒辦法抬得很高，可能不擅長做出用力下揮的動作。

然而，調查腦部構造的研究指出，始祖鳥善於掌握空間，也就是腦部結構適合飛行。根據2018年發表的研究，胳膊的骨頭堅硬，足以承受振翅的動作。

多麼相互矛盾的特徵啊。

趣味小事典： 據說始祖鳥的羽毛分有黑色和明亮的部分。

這才是真正壓軸！羽毛大型的暴龍類！

羽暴龍

- **名稱**：羽暴龍
- **全長**：9m
- **生存時代**：中生代白堊紀
- **學名**：*Yutyrannus*
- **化石產地**：中國
- **分類**：蜥龍類 獸腳類 暴龍類

全身覆蓋羽毛，全長9m的暴龍類。在2012年提出這種恐龍之前，一直認為「只有小型種的恐龍才長有羽毛」。羽毛主要的功能是保暖，過去認為大型種比小型種更難逸散體溫，所以不需要羽毛。

然而，2012年提出羽暴龍後，出現大型種也長有羽毛的可能性。這後來衍生出「暴龍也長有羽毛」的想法。不過，學者認為羽暴龍生存在寒冷地區，是大型種也需要羽毛的環境。

趣味小事典： 據說羽暴龍生存在年平均溫度10℃的地區。

體重比小學生還要輕!?
敏捷No.1的獵人

必殺技是
迅猛飛踢！

迅猛龍

名稱：迅猛龍
全長：2.5m
生存時代：中生代白堊紀
學名：*Velociraptor*
化石產地：蒙古、中國
分類：蜥龍類 獸腳類

全長遠比成年男性還要大，體重卻只有25㎏，是比日本小學三年級生還要輕的肉食恐龍。非常符合「敏捷獵人」的形容。

最大的武器位於後腳的第二趾，帶有長約10㎝的尖銳鉤爪。

這個鉤爪為可動式，奔跑時會向上「收闔」以免妨礙，戰鬥時能夠向前或者向下伸出。學者認為這樣踢腳時，能夠攻擊對手的要害。實際上，在草食性恐龍化石的頸部，有發現此鉤爪敲擊的痕跡。多麼可怕的恐龍啊。

趣味小事典： 包含近緣種在內，其智能可能都相當高。

奔馳速度媲美汽車，恐龍界的高速之星!!

似雞龍

- 名稱：似雞龍
- 學名：*Gallimimus*
- 全長：6m
- 化石產地：蒙古、烏茲別克
- 生存時代：中生代白堊紀
- 分類：蜥龍類 獸腳類 似鳥龍類

跟21頁的似鳥龍同為「似鳥龍科」的一種。排除38頁的恐手龍後，似雞龍是家族中擁有最大型身軀的物種。

苗條的長腳具有吸收衝擊的構造。因此，即便高速奔馳，也能最大限度緩和觸地瞬間的衝擊。

似鳥龍科的恐龍通常以飛毛腿聞名，學者認為似雞龍的跑速更是裡頭的第一名。根據某計算，牠們能夠以時速58km奔馳……相當於日本一般車道的普通行駛速度。

趣味小事典： 此家族的恐龍全長大多未滿4m。

小島上的小型蜥龍類

歐羅巴龍

名稱：歐羅巴龍
全長：6.2m
生存時代：中生代侏羅紀
學名：*Europasaurus*
化石產地：德國
分類：蜥龍類 蜥腳形類 蜥腳類

「蜥腳類」這個家族是由「巨大草食恐龍」們組成的分類，全長超過20ｍ的物種一點都不稀奇。歐羅巴龍在這樣的蜥腳科中，卻是全長僅有6ｍ多一點、肩高1．6ｍ的小型種。1．6ｍ這個數字，跟現生馬（純種馬）的肩高幾乎相同。

為什麼歐羅巴龍會如此小隻呢？

這可能跟牠們在小島不斷演化有關。即便祖先的體型巨大，在食物較少的小島上逐漸演化，身體也會愈來愈小隻。這個「島上小型化」，也有出現在其他動物身上。

趣味小事典：其學名取自「歐洲島嶼（Europe）」。

超巨大恐龍的祖先僅有現代大型犬的大小，一切都從這邊開始

我總有一天會變大的！

始盜龍

名稱：始盜龍
全長：1m
生存時代：中生代三疊紀
學名：*Eoraptor*
化石產地：阿根廷
分類：恐龍類 蜥龍類 蜥腳形類

最古老的恐龍之一，全長跟作為導盲犬活躍的拉布拉多犬差不多。另外，學者推測始盜龍的體重約10kg，重量不到拉布拉多犬的一半。

如此小型的物種，卻被歸類於「蜥腳形類」的草食恐龍家族。蜥腳形類是，以18頁迷惑龍為代表的「巨大恐龍」家族，全長超過20m的巨量級一點都不稀奇。即便是這樣巨大的恐龍們，祖先也像始盜龍一樣小隻。由小變大……宛若象徵此演化的恐龍。

趣味小事典：學者認為始盜龍本身是雜食性。

鐵壁防禦的鎧甲，材料是自己的骨頭!?

背甲龍

- 名稱：背甲龍
- 全長：7m
- 生存時代：中生代白堊紀
- 學名：*Ankylosaurus*
- 化石產地：美國、加拿大
- 分類：鳥臀類 裝甲類 甲龍類

背部排列骨片「鎧甲」的甲龍類代表。

這個鎧甲不是「單純的骨片」，其纖維組織宛若現代的防彈背心，質輕、高強度、具有優秀的彈性。

甲龍科身上的骨片是怎樣構成的呢？

根據2013年發表的研究，牠們會溶解自己本身的骨頭，以溶化的骨頭作為材料。因此，學者推測甲龍類超過一定年齡後，體型就不太會繼續變大。牠們在成長時，比起大型化選擇優先提高防禦。

趣味小事典：尾巴前端的節瘤是重要的武器。

甲龍滿是魄力的棘刺，其實裡頭空空如也？

埃德蒙頓甲龍

名稱：埃德蒙頓甲龍
學名：*Edmontonia*
全長：6m
化石產地：加拿大、美國
生存時代：中生代白堊紀
分類：鳥臀類 甲龍類

兩肩上面長有獨特棘刺（尖刺）的甲龍類。複數尖刺的根部粗大、前端尖銳，看起來魄力十足。身為捕食者的肉食恐龍們看到這些尖刺後，或許會猶豫該不該攻擊。

然而，根據日本研究人員的研究，在2010年指出埃德蒙頓甲龍的尖刺其實不適合作為武器。尖刺的內部構造空空如也、不具強度，可能是「虛張聲勢的手段」，或者是同種雄龍用於向雌龍展現魅力。

趣味小事典： 跟劍龍（19頁）的棘刺相差非常多。

恐龍也想要有家！The挖穴恐龍

掘奔龍

- **名稱**：掘奔龍
- **全長**：2m
- **生存時代**：中生代白堊紀
- **學名**：*Oryctodromeus*
- **化石產地**：美國
- **分類**：鳥臀類 鳥腳類

提到「恐龍類的巢」大家可能會想到是暴露荒野的吧？即便堆起土壤，巢仍舊在「野外」，恐龍過去都被認為是這樣「養育後代」的。

2007年提出的掘奔龍，顛覆了這般「常識」。雖然乍看之下像是「平凡無奇的二足步行恐龍」，但牠們會挖出直徑數十公分、長數公尺的隧道，如同哺乳類挖掘的巢穴。

該隧道不是簡單的直線結構，而是到處蜿蜒曲折。據說，幼龍生活在隧道的最深處。

受到小學生歡迎的石頭恐龍真的能夠用頭部撞擊嗎？

雖然經常被畫成用頭部撞擊的戰鬥姿態……

厚頭龍

- **名稱**：厚頭龍
- **學名**：*Pachycephalosaurus*
- **全長**：4.5m
- **化石產地**：美國、加拿大
- **生存時代**：中生代白堊紀
- **分類**：鳥臀類 頭飾龍類 厚頭龍類

厚頭龍又被稱為「石頭恐龍」，頭頂的骨頭出現高25㎝的隆起。

這種恐龍「能否用頭部撞擊？」大家議論紛紛。

有些人認為：「大力用頭撞擊會產生腦震盪，所以沒辦法頭部撞擊。」有些人認為：「幼體的頭頂骨內部空洞，能夠吸收頭部撞擊時的衝擊。因此，至少幼體時能夠頭部撞擊。」有些人認為：「近緣種的成體能夠吸收衝擊，所以厚頭龍也可以頭部撞擊。」、「頭骨化石本身殘留頭部撞擊的痕跡。」說法眾說紛紜。

大家都關注牠們的「頭部」呢。

趣味小事典：據說頭頂的隆起會隨著成長變大。

恐手龍

過去只知道是「長手臂」的恐龍，但全貌隨著近年的研究明朗化。研究學家將這種恐龍比喻為「奇美拉」。

- 名稱：恐手龍
- 學名：*Deinocheirus*
- 全長：11m
- 化石產地：蒙古
- 生存時代：中生代白堊紀
- 分類：蜥龍類 獸腳類 似鳥龍類

盡是例外的奇特生物被稱作「奇美拉」的恐龍

1965年，在蒙古的戈壁沙漠，發現長達2．4m某物種的手臂化石。2．4m這個數字是，該手臂從日本獨立住宅二樓的窗戶伸出，能夠和地上的人握手的長度。然而，後來沒有發現該手臂化石的主人，被歸類為是「20世紀恐龍學中最大的謎題」。

然而，21世紀後的調查發現了新部位的化石，根據2014年發表的研究成果，全貌明朗化。那是誰也沒有預料的姿態。

首先，最明顯的是背上的帆，就像是22頁的巨棘龍……背骨的構造跟16頁的巴塔哥泰坦巨龍、18頁的迷惑龍等蜥腳類相似；足骨跟26頁的埃德蒙頓龍等鴨嘴龍類相似。然而，分類卻跟21頁的似鳥龍、31頁的似雞龍同為似鳥龍類……被形容為「宛若奇美拉的恐龍」。而且，牠們還擁有長1m非常細長的頭部。

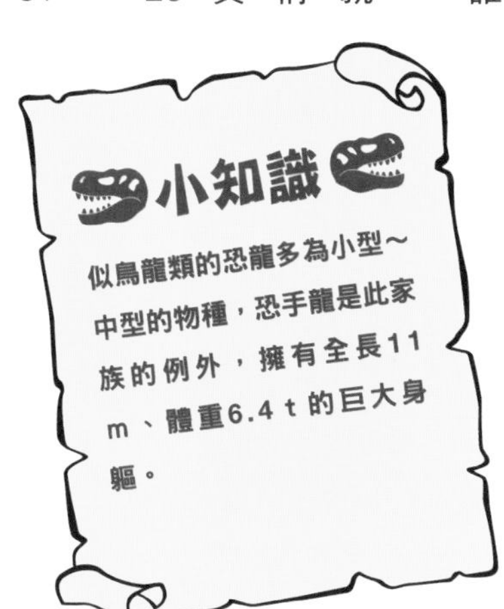

小知識
似鳥龍類的恐龍多為小型～中型的物種，恐手龍是此家族的例外，擁有全長11m、體重6.4t的巨大身軀。

趣味小事典：學者推測恐手龍是捕食魚、植物的雜食性。

Column

想要知道更多！

古生物

恐龍愛好者都會有的憧憬，能夠建設這座夢想樂園嗎？

能夠重現侏羅紀公園嗎？

照片／Office GeoPalaeont

說到「恐龍電影」，就會想到《侏羅紀公園》系列。

在本書出版的2018年，推出了系列最新作《侏羅紀世界：殞落國度》。

侏羅紀公園是在講述，藉由遺傳基因工學復活的恐龍，「大活躍」於現代的虛構故事。在作品中，吸了恐龍血液的蚊子被困於琥珀中，透過解析其中的血液，讓恐龍們再復活於現代。

真的能夠藉由琥珀中「恐龍時代的血液」讓恐龍復活嗎？

先假定只要獲得DNA，就有辦法讓恐龍復活來討論吧。

能夠獲得裝有恐龍時代蚊子的琥珀嗎？這是有可能的。近年，在緬甸挖掘出中生代白堊紀的琥珀，其中還有裝入恐龍尾巴的琥珀。最近，也有找到裝有吸血蜱蟎的琥珀。

接著，只要調查琥珀，不就能獲

得恐龍的DNA？或許有人會這麼想吧，但這出現了一個根本的問題。

其實，DNA本身是有「消費期限」的「生鮮物」。根據2012年發表的研究，DNA經過約521年會毀損一半、經過約1042年後會再毀損一半、經過約1563年後會再……不斷毀損下去。換言之，6600萬年以前的恐龍DNA，幾乎沒有殘留下來。非常遺憾，虛構故事難以在現實中實現。

真的有挖掘出昆蟲琥珀能夠獲得恐龍的DNA!?

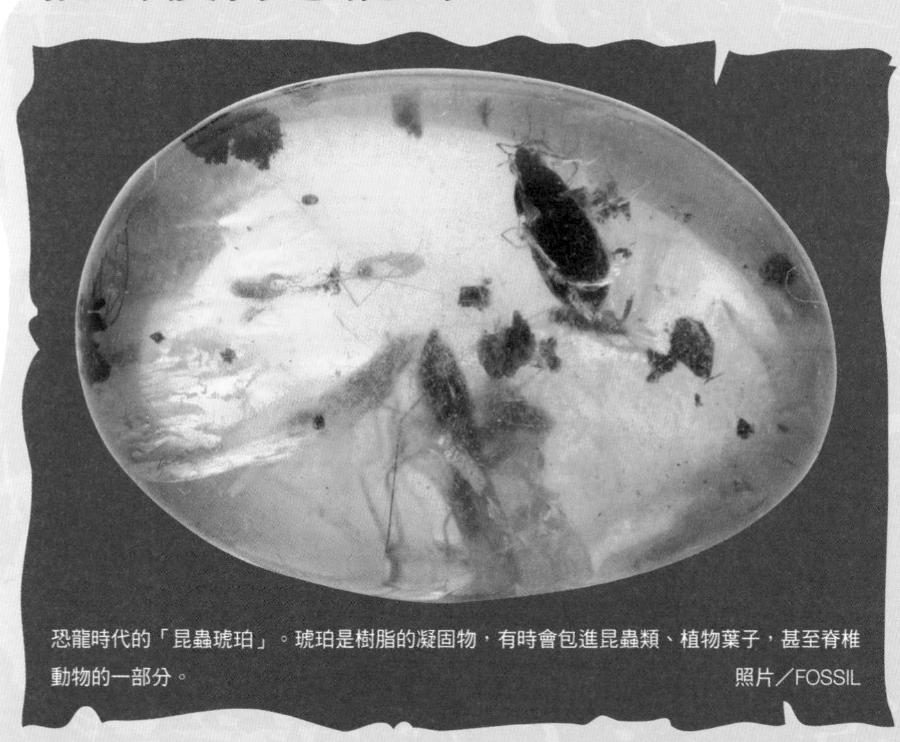

恐龍時代的「昆蟲琥珀」。琥珀是樹脂的凝固物，有時會包進昆蟲類、植物葉子，甚至脊椎動物的一部分。
照片／FOSSIL

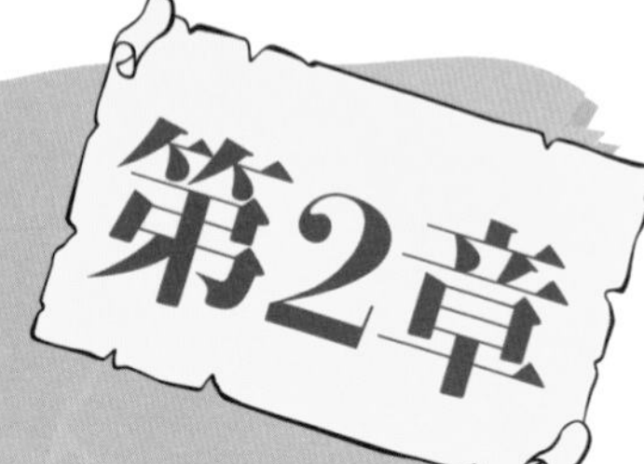

第2章

為什麼會長成這樣!?

「奇怪古生物」們的真面目

從未見過的古生物姿態，
許多人深深為其魅力著迷。
雖說如此，
除了外表之外，
內在也滿是魅力！

「史上最初的霸者」，其意外的特徵是？

加拿大奇蝦

生命歷史上「最初登場」的霸王級，擁有壓倒其他物種的巨大身軀……

名稱：加拿大奇蝦
全長：1m
生存時代：古生代寒武紀
學名：***Anomalocaris canadensis***
化石產地：加拿大
分類：節肢動物

古生代寒武紀被認為是，正式開始「吃與被吃」生存競爭的時代，動物的尺寸大多小於10㎝。在這樣的世界，加拿大奇蝦擁有長達1m的巨大身軀。

光是這般尺寸就很恐怖了，還有兩條長滿棘刺的觸手。這對觸手能夠確實抓住獵物，展現出「史上最初霸者」的風範。

不過，學者認為牠們沒有強大到可以捕食所有獵物。使用電腦分析其咬合力，發現三葉蟲等的堅硬外殼不用說，就連現生蝦子的幾丁質外殼也無法咬碎。學者推測牠們的主食是蠕蟲（爬行移動的細長蟲子）、剛脫皮尚未長出硬殼的三葉蟲類等。

順便一提，身為人類祖先的

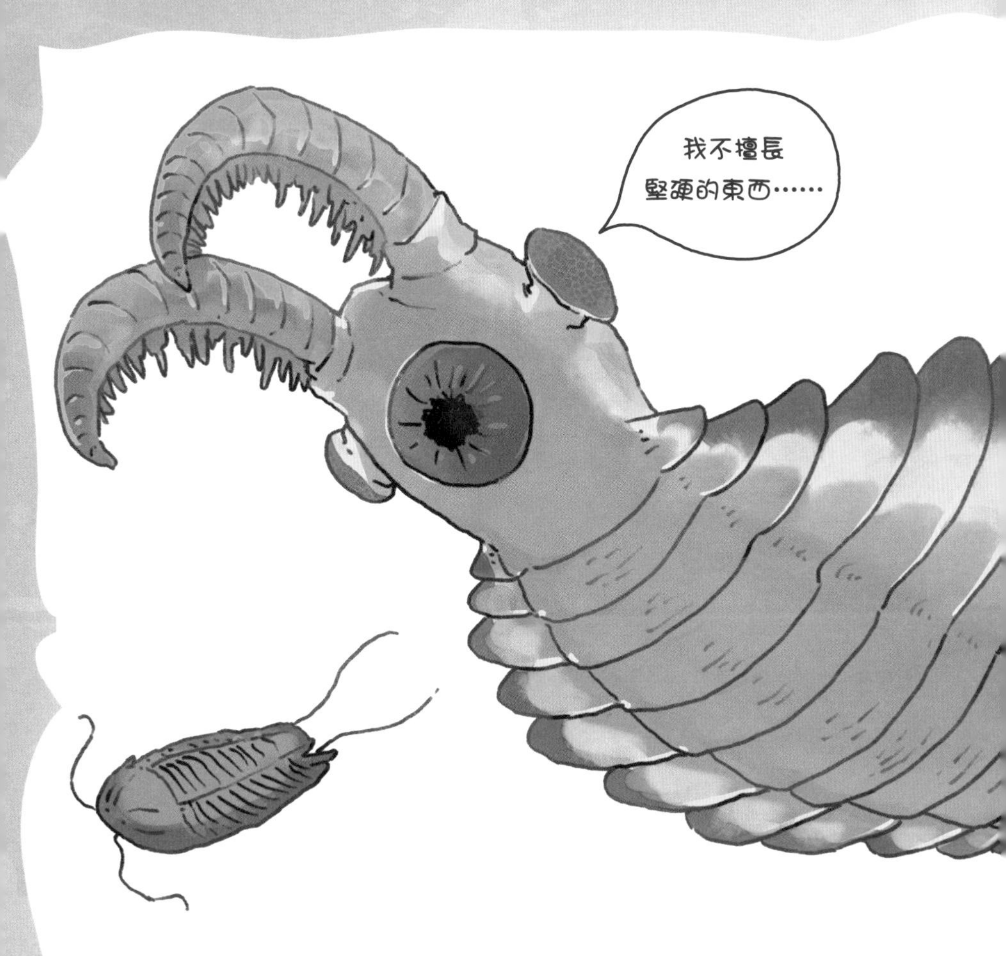

魚，在這個時代還沒有鱗片，真的就是「柔軟的動物」。對加拿大奇蝦來說，或許是絕佳的獵物也說不定。

小知識

根據某近緣種的研究，加拿大奇蝦的眼睛（複眼）具有相當高的性能，推測能夠正確辨識來回游動的獵物。

趣味小事典：世界各地皆有發現其近緣種的化石。

「史上最初霸者」的後裔
從1m的世界邁入10cm的世界……

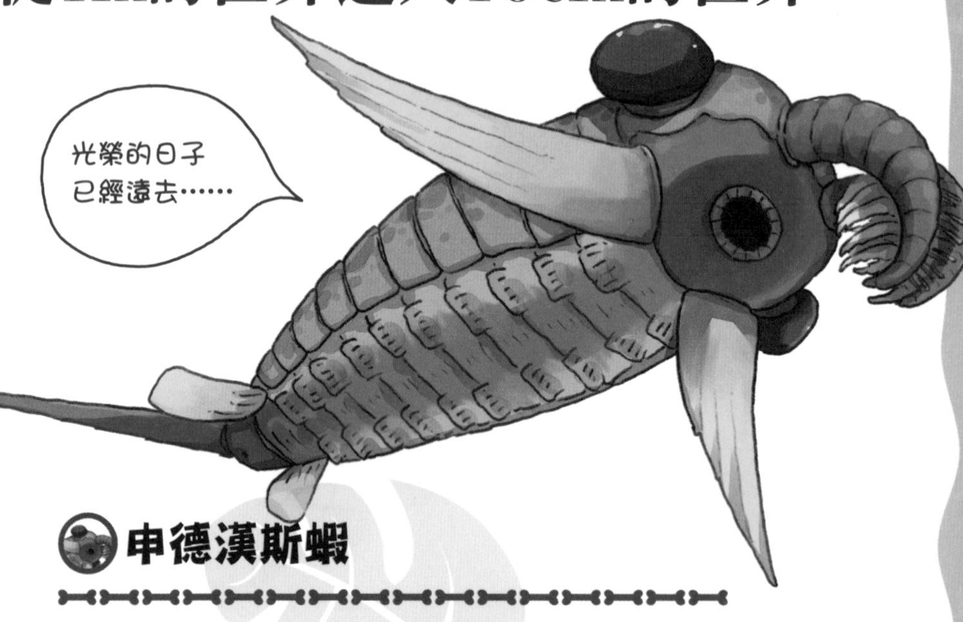

申德漢斯蝦

- 名稱：申德漢斯蝦
- 學名：*Schinderhannes*
- 全長：10cm
- 化石產地：德國
- 生存時代：古生代泥盆紀
- 分類：節肢動物 奇蝦類

「奇蝦類」過去曾經是海洋世界之冠的獵人，尤其44頁介紹的加拿大奇蝦，在其他動物尺寸大多小於10cm的時代，可是擁有全長長達1m的大型捕食者。

從其繁盛時期經過一億年後，演化出申德漢斯蝦。就目前所知，這是最新的（也就是最後的）奇蝦類。

就申德漢斯蝦的身軀來說，擁有偌大的觸手與眼睛，外觀的確跟過去的霸者相似。然而，牠們的尺寸只有10cm，周圍盡是數10cm大小的「競爭對手」，已經不再是霸者了。

趣味小事典： 宛若翅膀的鰭也是其特徵。

全身長滿棘刺的巨大三葉蟲

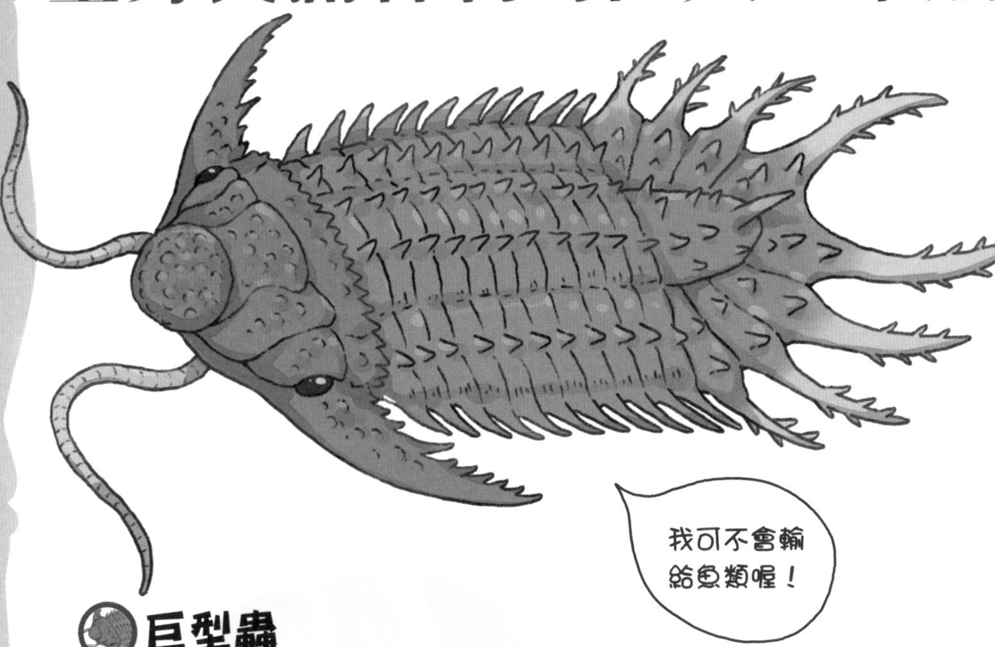

巨型蟲

名稱：巨型蟲

全長：60cm

生存時代：古生代泥盆紀

學名：*Terataspis*

化石產地：加拿大、美國

分類：節肢動物 三葉蟲類

全身長滿大大小小的棘刺，頭部中央的隆起像是原子小金剛「茶水博士」的鼻子，上頭也布滿了棘刺，可以說是長得很徹底了。

最值得一提的是其60cm的大小，在超過一萬種的三葉蟲類當中，可用五隻手指頭數出來。作為身軀帶有棘刺的種類，更是最大隻的三葉蟲。

在三億年的進化史，三葉蟲類大半都演化成小於10cm。那麼，為什麼巨型蟲反而巨大化呢？就生命史來看，當時帶有下顎的魚類迅速增加，或許是為了對抗這股新威脅吧。

趣味小事典：若是不看棘刺的話，還有再稍微大一點的三葉蟲。

完全武裝的怪物

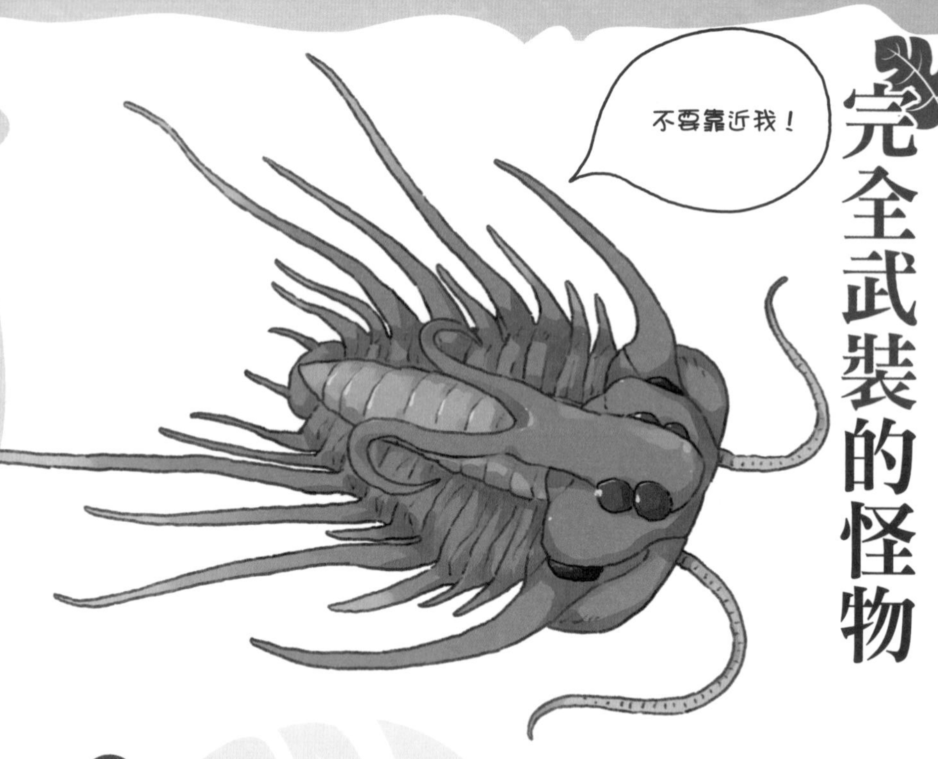

雙角蟲

名稱：雙角蟲

學名：*Dicranurus monstrosus*

全長：10cm不到（包含棘刺）

化石產地：摩洛哥

生存時代：古生代泥盆紀

分類：節肢動物 三葉蟲類

從身體兩側伸出多數粗長的棘刺，「後頭部」長有宛若羊角的兩根棘刺。真的就是怪物的模樣。

古生代泥盆紀的三葉蟲類，許多以此怪物為代表逐漸「武裝化」，呈現像是在說「靠近我可是會受傷喔！」的姿態。

雖然武裝化的理由不明，但當時是生命史上魚類首次迅速擴張勢力。武裝化或許是針對魚類興盛的對抗措施吧。不過，這樣的「武裝三葉蟲」到了泥盆紀末就消失蹤影，武裝化可說是無用武之地吧。

趣味小事典：在美國有發現其近緣種的化石。

連研究人員也笑出來!? 五隻眼的「異形」

歐巴賓海蠍

- **名稱**：歐巴賓海蠍
- **學名**：*Opabinia*
- **全長**：10cm
- **化石產地**：加拿大
- **生存時代**：古生代寒武紀
- **分類**：節肢動物

據說就連專門研究各種姿態古生物的古生物學家，也禁不住為那「古怪的樣貌」笑了出來。1975年，在學會上公布其姿態時，會場響起了巨大的笑聲。擁有這段奇聞軼事的就是歐巴賓海蠍。

笑出來是理所當然的反應。第一次見到的人，都會忍不住再多看一眼吧。長有五隻偌大的眼睛，從頭部向前方伸出嘴管，嘴管前端的結構像是鋸齒剪刀。

如此獨一無二的奇妙姿態，卻也被分類到節肢動物家族。

趣味小事典： 學者認為其嘴管能夠如同象鼻使用。

怪誕蟲

學名「Hallucigenia」意為「迷惑之物」，如同其名不斷讓研究人員感到困惑，每次復原都呈現不一樣的姿態。

- 名稱：怪誕蟲
- 全長：3cm
- 生存時代：古生代寒武紀
- 學名：*Hallucigenia*
- 化石產地：加拿大
- 分類：有爪動物

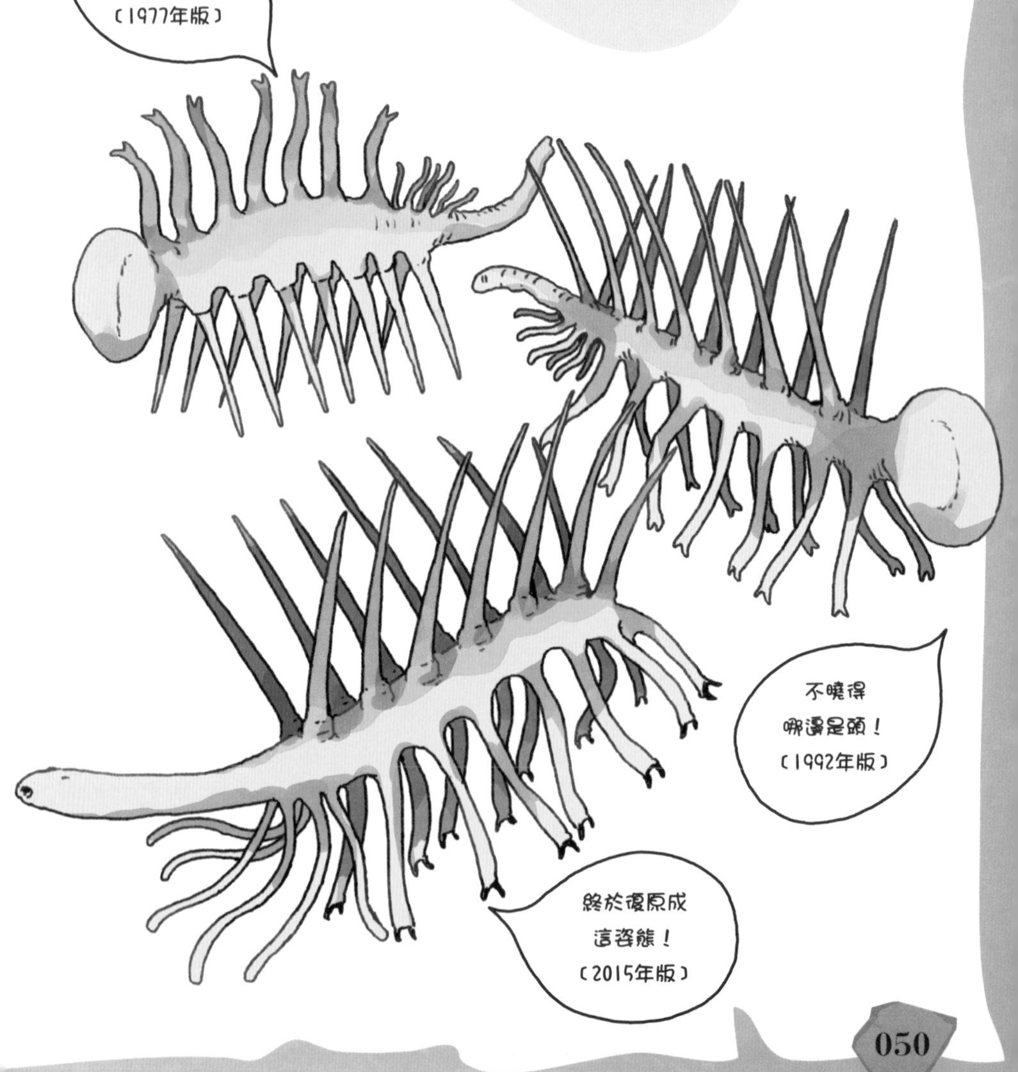

姿態一變再變……到底哪邊是頭哪邊是尾巴!?

1977年，學者提出了奇妙的古生物。那是軟管狀身體長有兩排「如同尖銳棘刺的腳肢」，背部長有一排柔軟扭曲「觸手」的動物。然後，軟管狀身體的其中一端，膨脹得像是頭部一樣。這個真相不明的謎之生物，被命名為「怪誕蟲」。

1992年，得知原本以為「觸手」的部分其實是「腳肢」。原先認為只有一排的觸手，詳細調查後發現有兩排，而且前端還有爪子。這樣的話，「如同尖銳棘刺的腳肢」單純想成「棘刺」會比較自然。換言之，1977年的復原是上下顛倒的怪誕蟲。另外，還得知像是頭部的膨脹，是身體組織突出表面。不過，此時還不曉得身體的哪邊才是頭部。

到了2015年，怪誕蟲的復原又出現了變化，另外找到了眼睛和嘴巴。多虧這項發現，才終於分清楚怪誕蟲的「前後」。

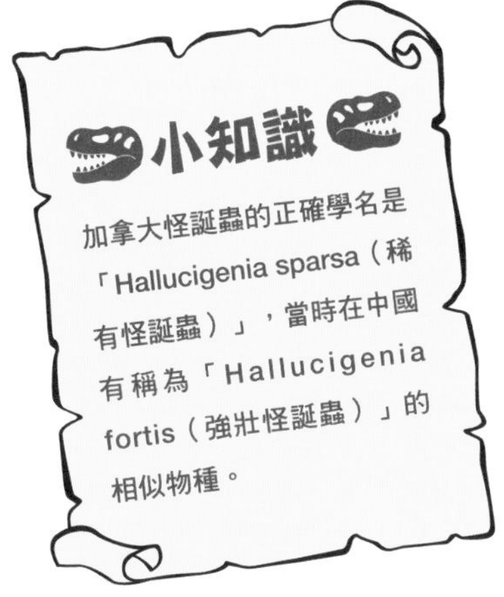

小知識

加拿大怪誕蟲的正確學名是「Hallucigenia sparsa（稀有怪誕蟲）」，當時在中國有稱為「Hallucigenia fortis（強壯怪誕蟲）」的相似物種。

趣味小事典：化石調查有時會破壞化石，所以化石數稀少的物種，研究通常比較緩慢。

屬於海膽、海星的同伴，說穿了盡是謎團！

也有像我這樣的生物喔～

盔海椿

- **名稱**：盔海椿
- **全長**：10cm不到
- **生存時代**：古生代奧陶紀
- **學名**：*Enoploura*
- **化石產地**：美國
- **分類**：棘皮動物 海扁果類

海膽類、海星類所屬的大家族，稱為「棘皮動物」。這個家族現在包含海百合類、海參類等，但在過去還有幾個動物群歸類為此門。

在這些「滅絕的棘皮動物」中，盔海椿所屬的「海扁果類（Homalozoa）」樣貌分外古怪。海扁果類又稱為「海果類（Carpoids）」，具有長方體的身軀和柔軟彎曲的腕狀構造。

不僅只盔海椿而已，海扁果類本身就是謎之家族。過著什麼樣的生活？為什麼有腕狀結構？盡是不曉得的事情。

趣味小事典： 身軀覆蓋骨片等構造，是棘皮動物的共通特徵。

比恐龍還要再早2億年的前輩！菊石的「祖先」

鬆捲菊石

- **名稱**：鬆捲菊石
- **全長**：12cm
- **生存時代**：古生代泥盆紀
- **學名**：*Anetoceras*
- **化石產地**：中國、德國、摩洛哥等
- **分類**：軟體動物 頭足類 菊石類

捲曲鬆～緩的菊石類代表。

恐龍時代海洋主角的「菊石目（Ammonitida）」，是由「菊石亞綱（Ammonoidea）」更大的家族演化而來。菊石類的始祖誕生於比恐龍時代更早2億年以前，然後代代延續生命。

初期菊石類的殼，呈現幾乎直線的圓錐狀。隨著演化進行，殼逐漸捲曲出螺旋，接著內外側的殼緊密黏在一起，形成我們熟知的菊石。

鬆捲菊石是演化途中的動物。

趣味小事典： 有學者指出，菊石的殼愈捲曲游速愈快。

根本就是克蘇魯神話的生物！

其綽號為「北之異常卷貝」

日本菊石

- **名稱**：日本菊石
- **學名**：*Nipponites*
- **寬**：5～10cm
- **化石產地**：日本、俄羅斯
- **生存時代**：中生代白堊紀
- **分類**：頭足類 菊石類

「*Nipponites*」這個名字（學名）的「*Nippon*」意指「日本」，而「*ites*」是「～的石（化石）」的意思。換言之，這個動物的名字意謂「日本的化石」，真的就是「代表日本的古生物」，為世界各地的研究人員、愛好家所熟知。

雖然長成這般姿態，卻是菊石類的一種。這樣外形的菊石類被稱為「異常卷貝」，本種的化石常發現於北海道，因而以「北之異常卷貝．日本菊石」聞名。順便一提，「異常」僅是指「形狀怪異」，不是疾病上、遺傳上的異常。

趣味小事典： 日本菊石是日本古生物學會的象徵圖案。

與雙殼貝一同漂流的「西之異常卷貝」

覆貝菊石

- **名稱**：覆貝菊石
- **長徑**：25cm
- **生存時代**：中生代白堊紀
- **學名**：*Pravitoceras*
- **化石產地**：日本
- **分類**：頭足類 菊石類

以日本淡路島、近畿地區為中心發現異常捲曲的菊石化石。相對於北海道的日本菊石，又被稱為「西之異常卷貝・覆貝菊石」（合稱「北之日本、西之覆貝」）。雖然牠們也是日本代表的菊石類之一，但「異常捲曲的程度」輕微，知名度不及日本菊石。

在淡路島，發現了卷殼各處黏著小雙殼貝的化石。學者推測覆貝菊石活著的時候，雙殼貝會附著在身上一同飄遊海中。

擁有這般生態的物種相當珍貴，「西之覆貝」應該再受到更多的關注……

趣味小事典： 化石容易損壞，需要技巧才能採集到完整體。

「長著牙齒的謎之生物」，其真面目可不是「一反木綿」！

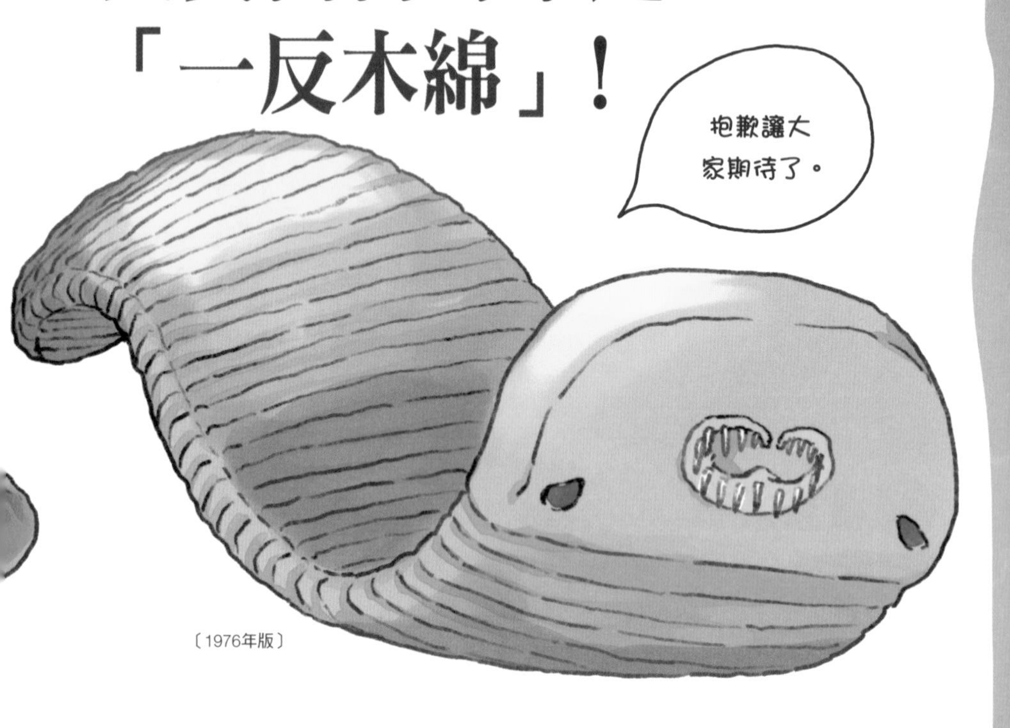

〔1976年版〕

1976年，提出了姿態宛若日本傳說妖怪「一反木綿」的古生物。當然，實際上沒有「一反（約11m）」那麼長，但對日本人來說，沒有比這更為貼切的比喻了。這種古生物會像海浪般翻騰扁薄的身體，以此姿態在水中游泳。

更仔細觀察的話，會發現扁薄的身體並沒有一反木綿那麼單純。身體有著「節狀構造」，頭部上的牙齒像「8」字一樣排列，牙齒的兩側長有「鬚鬚」。姿態如此古怪的動物被命名為「迷齒蟲」，分類到「觸手冠動物」這個不常聽聞的家族。

然而，根據2006年的進一步研究，修正復原成爬於海底、

迷齒蟲

過去只知道是在水中漂動游泳的神奇動物，但近年的研究揭露了其真面目。

- **名稱**：迷齒蟲
- **學名**：*Odontogriphus*
- **全長**：12.5cm
- **化石產地**：加拿大
- **生存時代**：古生代寒武紀
- **分類**：軟體動物

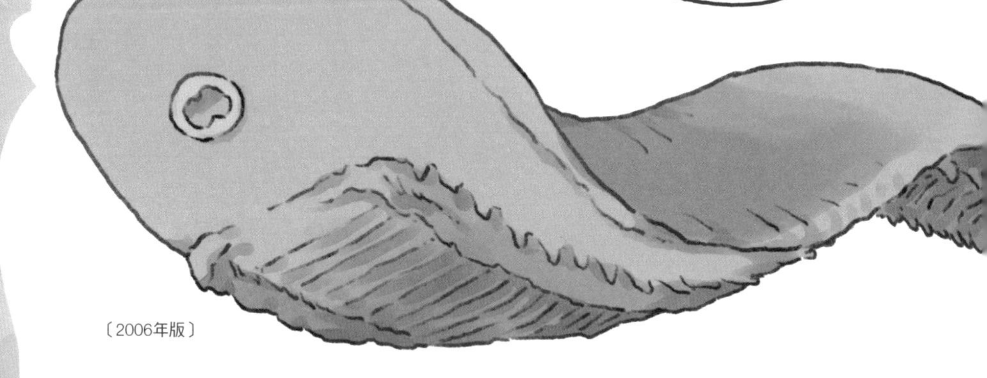

〔2006年版〕

小知識

1976年，在加拿大產地發現的本種化石原本最為稀少，但後來大量發現化石，到2006年時已有189具的化石作為研究對象。

像是蛞蝓一樣的動物。原本以為的「節狀構造」僅只是「皺褶」、「鬍鬚」是「唾液腺」、牙齒是「齒舌」等，皆為軟體動物特有的器官。現在已經不是可用「一反木綿」來形容的謎之生物了。

趣味小事典： 學名的意思是「長著牙齒的謎之生物」。

具有日本名稱的古生物……但其實是謎團重重的蛇頸龍類

這個長脖子是為了什麼存在？

鈴木雙葉龍

- **名稱**：鈴木雙葉龍
- **學名**：*Futabasaurus suzukii*
- **全長**：9.2m
- **化石產地**：日本
- **生存時代**：中生代白堊紀
- **分類**：爬蟲類 鰭龍類 蛇頸龍類

以日本名「鈴木雙葉龍」聞名的蛇頸龍類。大家比較熟知的應該是電影《哆啦A夢 大雄的恐龍》中出現的「比助」吧。

這是知名度超群的古生物，而且「蛇頸龍類」這詞本身，是在發現鈴木雙葉龍時一同創造出來的。不過，蛇頸龍類整個家族謎團重重，不曉得為什麼脖子會長得那麼長。

若是陸上動物的話，具有能夠取食高處食物的優點。然而，在能夠三維活動的水中，為什麼需要長脖子呢？

趣味小事典： 蛇頸龍類過去又稱為「長頸龍類」、「首長龍類」。

歸屬蛇頸龍卻脖子短！曾經是海中霸者！？

上龍

名稱：上龍

全長：13m

生存時代：中生代侏羅紀～白堊紀

學名：*Pliosaurus*

化石產地：英國、法國、阿根廷等

分類：爬蟲類 蛇頸龍類

上龍具有偌大的頭部、強力的下顎和堅固的牙齒。學者推測，牠們曾經是君臨海洋生態系頂點的霸者。

即便外表長成這樣，仍歸屬蛇頸龍類，因脖子短又被稱為「短頸蛇頸龍類」。雖然姿態不像鈴木雙葉龍（58頁）的「長頸蛇頸龍類」，但還是有「頸根到嘴吻的長度」長於「尾巴的長度」的共通點（學術上有更詳細的共通點）。順便一提，「首長龍類（蛇頸龍類）」是日本專有的分類名稱，學名「Plesiosauria」為「接近蜥蜴」的意思。

趣味小事典：短頸蛇頸龍類還有其他幾個物種。

在某時期曾為大陸的霸者！怎麼可能!?四足步行的暴龍？

蜥鱷

名稱：蜥鱷
學名：*Saurosuchus*
全長：5m
化石產地：阿根廷、美國
生存時代：中生代三疊紀
分類：爬蟲類 擬鱷類

長度超過70cm、擁有巨大頭骨的爬蟲類。壯碩的下顎加上粗大的尖銳牙齒，臉部跟暴龍（14頁）非常相似。

然而，蜥鱷可不是暴龍，也不屬於恐龍類。相較於恐龍類，歸屬更接近鱷魚類的近緣家族「擬鱷類」。

其生存時代是，恐龍時代黎明期的中生代三疊紀。這個時代的恐龍類，尚未出現「霸王級」的大型肉食種，擬鱷類的大型種君臨生態系的頂點。蜥鱷就是該大型肉食種的代表種。

趣味小事典： 頭骨佔全長的比例幾乎跟暴龍相同。

曾經與哺乳類競爭？不會飛的魁武鳥類

冠恐鳥

名稱：冠恐鳥
體高：2m
生存時代：新生代古第三紀
學名：*Gastornis*
化石產地：法國、德國、美國
分類：鳥類 冠恐鳥類

距今6600萬年前，除了鳥類之外恐龍類全部滅絕，被稱為「恐龍時代」的「中生代」結束。然後，在新開始的「新生代」，熬過大滅絕的哺乳類和鳥類，反覆展開生存競爭。

冠恐鳥是新生代初期的代表鳥類。偌大的嘴喙、粗壯的腳、短小的翅膀是其特徵。如同外表所見，牠們是不會飛的鳥類。

雖然說是「生存競爭」，但並非冠恐鳥直接襲擊人類。學者推測冠恐鳥為草食性，所以會跟人類爭奪有限的植物資源。

趣味小事典： 過去，稱為「不飛鳥（Diatryma）」的滅絕鳥類也是同種。

那對翅膀是為了什麼存在!? 過於巨大而飛不起來?

風神翼龍

- 名稱：風神翼龍
- 學名：*Quetzalcoatlus*
- 展翼長：12m
- 化石產地：美國
- 生存時代：中生代白堊紀
- 分類：翼龍類

史上最巨大型的翼龍類。現在地球上最大的飛行動物是，展翼長約3．5m的漂泊信天翁（Diomedea exulans）。風神翼龍約為其三倍大，相當於小型飛機的巨大身軀。

關於風神翼龍的重大謎團之一是，牠們真的能夠在空中飛行嗎？如此龐大的身軀能夠翱翔天際嗎？

先就結論來說，這個謎團還沒有答案。有種說法是身體過於巨大飛不起來，只在地上步行獵捕小型恐龍等；也有說法是牠們能夠巧妙地乘風飛上天空。

趣味小事典： 作為姿態復原的翼龍類，風神翼龍是最大種之一。

宛若船帆！頭部膜冠的用處是？

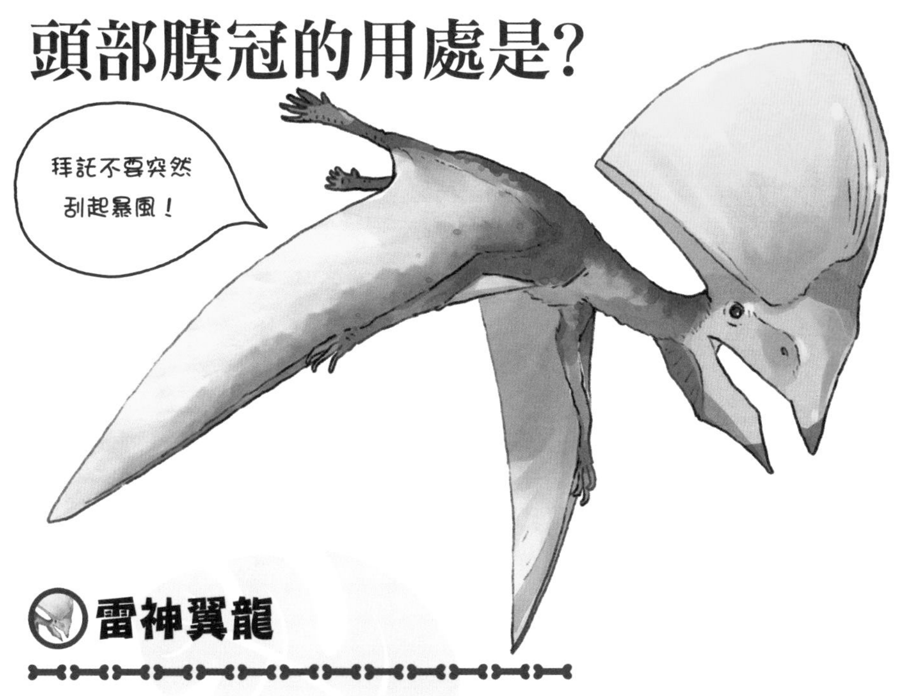

雷神翼龍

名稱：雷神翼龍

學名：*Tupandactylus*

展翼長：3m

化石產地：巴西

生存時代：中生代白堊紀

分類：翼龍類

雷神翼龍全名為「Tupandactylus imperator」，「imperator」意為「皇帝」，與其名稱相符（？）後頭部長有50㎝高的巨大膜冠。

膜冠上下有細長骨頭支撐，皮膜撐開在骨頭之間，構造宛若帆船的帆。擁有如此巨大膜冠的翼龍，目前就只有雷神翼龍。

這膜冠到底是用來做什麼的呢？不會妨礙到飛行嗎？感覺每當側面遭受強風吹襲，頸部都會感到疼痛。然而，關於其膜冠的功用，我們幾乎什麼都不曉得。

趣味小事典： 由近緣種推測，膜冠會隨著成長變大。

恐龍博士也感到驚訝!?其實牠們具有「尾鰭」!

〔新復原〕

滄龍類過去被稱為「海洋的大蜥蜴」，形容手腳呈現魚鰭狀、長尾巴愈往前端愈細的姿態。學者過去認為牠們是一面扭動細長的身軀，一面悠然游泳的海棲爬蟲類。

然而，根據2010年包含日本人研究員的團隊所發表詳細分析板踝龍化石的結果，瞭解到尾巴前端很有可能具有尾鰭，傳統的復原圖不得不進行修改。

「具有尾鰭」這件事並不是單純的外觀改變而已，使用尾鰭意味能夠快速長距離游泳。這是改變「悠然游泳」傳統形象的新解釋。

牠們已經不再是單純的「海洋大蜥蜴」了。

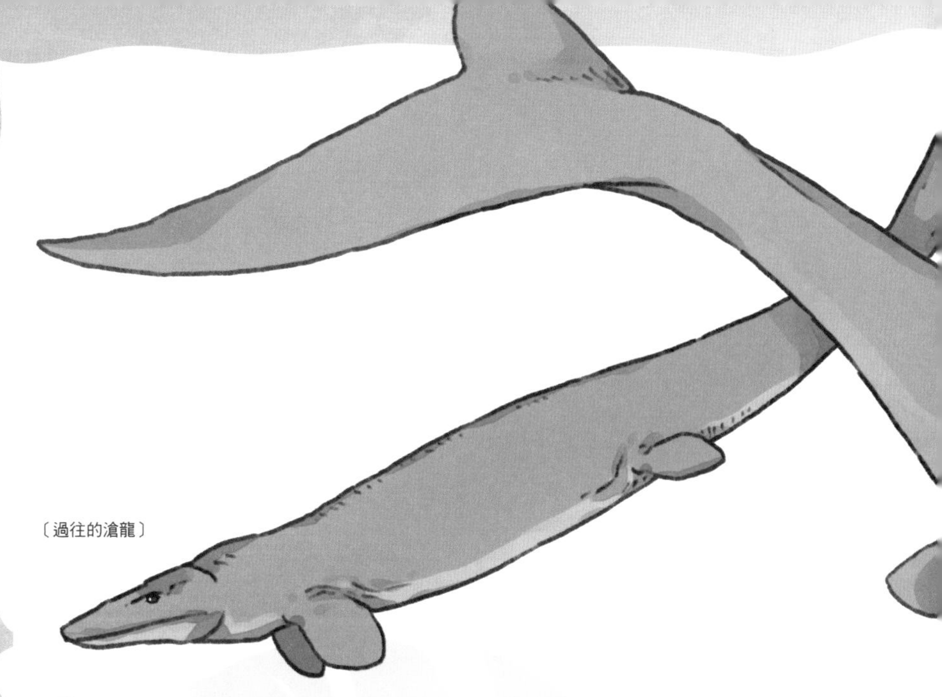

〔過往的滄龍〕

板踝龍

在電影《侏羅紀公園》系列的《侏羅紀世界》首度當場的滄龍類，過去曾被稱為「海洋的大蜥蜴」……

- **名稱**：板踝龍
- **學名**：*Platecarpus*
- **全長**：7m
- **化石產地**：美國、瑞典、摩洛哥等
- **生存時代**：中生代白堊紀
- **分類**：爬蟲類 滄龍類

滄龍類大約登場於1億年前的白堊紀中期，後來快速演變成各種樣貌，甚至出現10m超級大型種。

如此多樣的牠們，現在復原圖不得不進行修正。

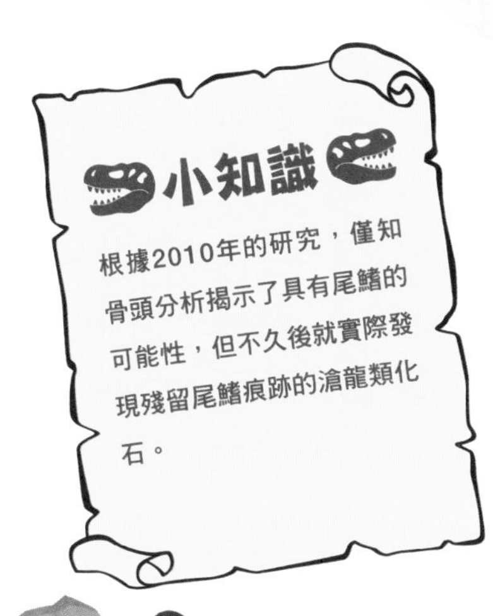

小知識

根據2010年的研究，僅知骨頭分析揭示了具有尾鰭的可能性，但不久後就實際發現殘留尾鰭痕跡的滄龍類化石。

趣味小事典： 學者認為新復原的游泳能力，跟海洋性鯊魚類相同。

明明是鱷魚，卻站立行走!?

原鱷

- **名稱**：原鱷
- **學名**：*Protosuchus*
- **全長**：1m
- **化石產地**：加拿大、美國、南非等
- **生存時代**：中生代侏羅紀
- **分類**：爬蟲類 鱷形類

現生鱷魚類的四肢（前腳和後腳）長於身體左右兩側，像爬行一般扭動身軀前進。被認為接近鱷魚類祖先的原鱷，其四肢筆直長於身體的下方，腳部的生長方式跟哺乳類、恐龍類相似。因此，原鱷能夠像哺乳類一樣，颯爽地在陸地上行走。

另外，現生鱷魚類的背部長有六排鱗片，而原鱷的背部只長有兩排鱗片。因此，原鱷的防禦力不及現生鱷魚類，表面也沒有那麼「粗糙不平」。加上腳部的生長方式，讓人覺得是聰明的爬蟲類。

趣味小事典： 鱷魚背部的鱗片排數會隨著演化而增加。

明明是鱷魚，腳卻是魚鰭，還長有尾鰭！

地蜥鱷

- **名稱**：地蜥鱷
- **全長**：3m
- **生存時代**：中生代侏羅紀
- **學名**：*Metriorhynchus*
- **化石產地**：英國、法國、智利等
- **分類**：爬蟲類 鱷形類

說到鱷魚，就想到半陸半水生態的水邊王者！這個印象並沒有錯誤。然而，過去存在幾種鱷魚，不停留在水邊而潛進海洋生活。地蜥鱷可說是這類鱷魚的代表存在。

請看看牠們的水生結構。

首先引人注目的是偌大的尾鰭，接著四肢也是魚鰭，兩者都是有利於水中生活的特徵。

再來，其背部沒有現生鱷魚類的鱗片，一排都沒有。雖然防禦力降低，卻增加了身體的柔軟性，在游泳時能夠更有效率地扭動身軀。

趣味小事典： 細長的嘴吻具有減少水中阻力的功用。

總之就是長又巨大的鱷魚，成長期長達35年!?

恐鱷

- **名稱**：恐鱷
- **全長**：12m
- **生存時代**：中生代白堊紀～新第三紀？
- **學名**：*Deinosuchus*
- **化石產地**：美國、墨西哥
- **分類**：爬蟲類 鱷形類 真鱷類

那姿態彷彿現生鱷魚類的短吻鱷，但像的地方就只有「姿態」。現生短吻鱷的全長約有6m，恐鱷卻有其數倍的長度。跟肉食恐龍王者的暴龍相比，在「長度」方面擁有幾乎相同的大小。恐鱷可能生活於恐龍時代的美洲大陸水邊，就連恐龍也是牠們的獵物。

學者推測恐鱷的壽命超過50年，其中35年屬於成長期。而且，在成長期結束後，仍會繼續緩慢地成長。讓人好似羨慕又不羨慕的鱷魚。

趣味小事典： 其咬合力強大，大部分的獵物都能喀嚓一聲咬斷。

背部平坦！被視為「龍的原型」的巨大鱷魚

待兼鱷

- **名稱**：待兼鱷
- **全長**：7.7m
- **生存時代**：新生代第四紀
- **學名**：*Toyotamaphimeia machikanensis*
- **化石產地**：日本
- **分類**：爬蟲類 鱷形類 真鱷類

棲息於約40萬年前的大阪，嘴吻細長的大型鱷魚。背部的鱗片沒有突起，跟長吻鱷魚等現生鱷魚相比，背部看起來相當平坦。

在大阪大學校內的待兼山發現化石，因而以該產地命名為「待兼鱷」。取學名「*Toyotamaphimeia machikanensis*（待兼豐玉姬鱷）」的鱷魚研究人員推測，本種等大型鱷魚過去曾生存於遠古的中國，後來成為「龍」的原型。全長將近8m的巨大身軀，的確很有可能錯看成「龍」。

趣味小事典： 學名包含化石產地和《古世紀》的人名，成為豐玉姬化身鱷魚的由來。

長得像鱷魚的鯨魚!?還有亂蓬蓬的毛?

走鯨

- **名稱**：走鯨
- **學名**：*Ambulocetus*
- **全長**：3.5m
- **化石產地**：巴基斯坦
- **生存時代**：新生代古第三紀
- **分類**：哺乳類 鯨偶蹄類 古鯨類

長鼻頭、高眼睛位置、短手腳、長尾巴等特徵，宛若現生的鱷魚類。然而，走鯨是鯨魚的同伴（正確來說是古鯨類）。無論多麼像鱷魚類，還是歸屬哺乳類。學者推測牠們身上長有某種長度的毛。

過去，鯨魚的祖先生活於陸地（137頁），約5000萬年前開始進出水中。學者認為走鯨正是「進出水中的途中」演化出來的動物。牠們可能生活於海洋淺灘，偶爾跑到河川生活；或者可能隨著成長，棲息場所從河川轉往海洋。

趣味小事典：也有學者認為走鯨是完全水棲動物。

為什麼長在那裡？僅有腹側長出甲殼的烏龜

肚子比背部
更為重要？

半甲齒龜

名稱：半甲齒龜

殼長：18cm

生存時代：中生代三疊紀

學名：*Odontochelys*

化石產地：中國

分類：爬蟲類 龜鱉類

最初期的龜鱉類之一，特徵為僅腹側長有甲殼、背側皮膚裸露等。

除了甲殼以外，其他特徵還有嘴中長有牙齒、手腳確認到明顯的趾骨等（現代烏龜的口部為沒有牙齒的喙嘴）。當初，其化石發現於海洋地層，所以發表為在海洋中生活。然而，由手腳的特徵、最初期的其他烏龜都具有「陸生結構」，也有學者指出，半甲齒龜可能也是生活於陸地的生物。

無論是甲殼還是生活場所，真是充滿謎團的烏龜。

趣味小事典： 半甲齒龜或許是偏離演化「主線」的異端兒。

古生物界的掠食者，擁有傳說怪物之名的鯨魚

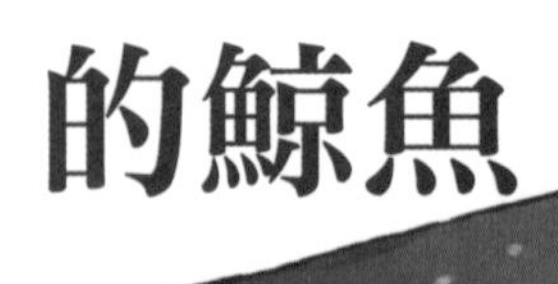

梅爾維爾鯨

- **名稱**：梅爾維爾鯨
- **學名**：*Livyatan*
- **全長**：17.5m
- **化石產地**：貝盧
- **生存時代**：新生代新第三紀
- **分類**：哺乳類 齒鯨類 抹香鯨類

「利維坦（Leviathan）」是科幻小說、遊戲世界中家喻戶曉的「海洋怪物」。

本種的學名取自這隻怪物，歸屬巨大的齒鯨類。找到的化石只有頭骨，但光頭骨就長達3m、寬達1．9m。全長推測有17．5m，幾乎跟現生抹香鯨相同。

實際上，學者認為梅爾維爾鯨跟抹香鯨的血緣關係接近，但卻有著決定性的不同。抹香鯨的上顎沒有牙齒，但梅爾維爾鯨的上下顎長有粗大的牙齒。嘴部構造真的就是「頂點的捕食者」，不辱其名的「怪物」。

趣味小事典： 據說鬚鯨類等大型種也是其獵物。

全身盡是兇器的棘刺魚，跟誰都無法好好相處？

柵棘魚

- **名稱**：柵棘魚
- **全長**：15cm
- **生存時代**：古生代志留紀～泥盆紀
- **學名**：*Climatius*
- **化石產地**：加拿大、英國、愛沙尼亞等
- **分類**：棘魚類

距今3億5000萬年前，海洋中存在名為「棘魚類」的魚家族。如同「長有棘的魚」字面上的意思，這個家族的魚類，鰭的前側邊緣長有棘刺。

柵棘魚是棘魚類中較為原始的種類。雖然歸屬棘魚類，但棘刺不長在魚鰭邊緣，而是魚鰭本身例外變成棘刺。背鰭、胸鰭、臀鰭等，除了尾鰭之外的大鰭全部都是棘刺，腹側的小棘鰭共有5對10片並排。

想要獵食柵棘魚的魚，可能需要辛苦避開棘刺。

趣味小事典： 在生命歷史上，柵棘魚是最初期長有下顎的魚類之一。

頭胸部以下盡是謎團！古生代最大、最強的魚

體殼魚

- **名稱**：體殼魚
- **全長**：8m?
- **生存時代**：古生代泥盆紀
- **學名**：*Dunkleosteus*
- **化石產地**：摩洛哥、美國
- **分類**：盾皮魚類 節甲魚類

在古生代3億年的歷史中，體殼魚以最大、最強的魚而聞名。如同甲冑頭盔，頭部和胸部覆蓋著骨頭。看似牙齒的嘴吻前端不是牙齒，而是頭骨一部分特化又薄又尖銳的構造。具有此構造的體殼魚嘴部，學者認為其咬合力非常強悍，古生代的魚類都無法與之匹敵。

不過，化石僅找到頭胸部的「甲冑部分」。僅由該部分化石，能夠推測牠們是「古生代最大尺寸」的生物，但卻不曉得具體的數字。除了頭胸部以外，甚至連外型也是個謎。

趣味小事典： 學者認為其咬合力約為大白鯊的1.7倍。

超巨大鯊魚的真面目是，只是牙齒巨大而已……!?

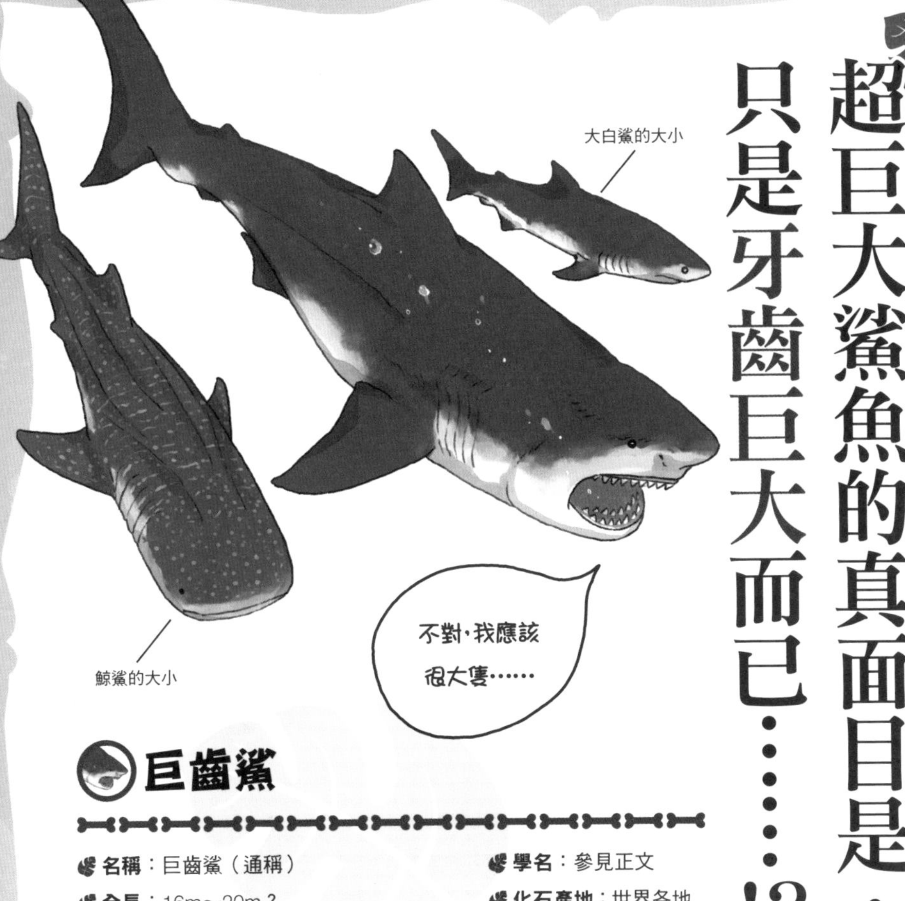

巨齒鯊

- **名稱**：巨齒鯊（通稱）
- **全長**：16m～20m？
- **生存時代**：新生代古第三紀～新第三紀
- **學名**：參見正文
- **化石產地**：世界各地
- **分類**：新生板鰓類

具有齒長超過15㎝大牙齒的鯊魚。以「史上最大的鯊魚」聞名，其化石發現於世界各地。

巨齒鯊是「史上最大的鯊魚」，但並不曉得「巨大到什麼程度」。全長數值有人說是16m，也有人推測是20m。就化石來看可以確定是鯊魚，但沒有發現全身的化石，所以整體樣貌仍舊不明。

作為生物正式名稱的學名也未確定，有人使用意為大白鯊同伴的「*Carcharodon megalodon*」；也有人認為是滅絕的鯊魚同伴，使用「*Carcharocles megalodon*」。

趣味小事典：假設全長16m的話，有現代海洋最大魚類鯨鯊的1.5倍大！

相當於四層樓高的大樓!?巨大無比的魚類!

利茲魚

- **名稱**：利茲魚
- **全長**：16.5m?
- **生存時代**：中生代侏羅紀
- **學名**：*Leedsichthys*
- **化石產地**：法國、英國、德國
- **分類**：輻鰭魚類

棲息於侏羅紀歐洲海洋的大型魚。學者推測光尾鰭的大小就有2．9m長。因為沒有找到全身化石，全長數值的推側多少有些「偏差」，但學者卻提出全長27m這駭人聽聞的數值。不過，這推測也太過巨大了，所以一般多使用全長16．5m。

16．5m這個大小，在輻鰭魚類（鮪魚、鮭魚等，包含現代大部分的魚類）中，是非常巨大的尺寸。

根據2018年發表的研究，其游泳的速度相當於時速17．8km的汽車。

趣味小事典： 學者認為利茲魚主要以浮游生物為食。

根本就是UMA※！真的有過這樣的生物？

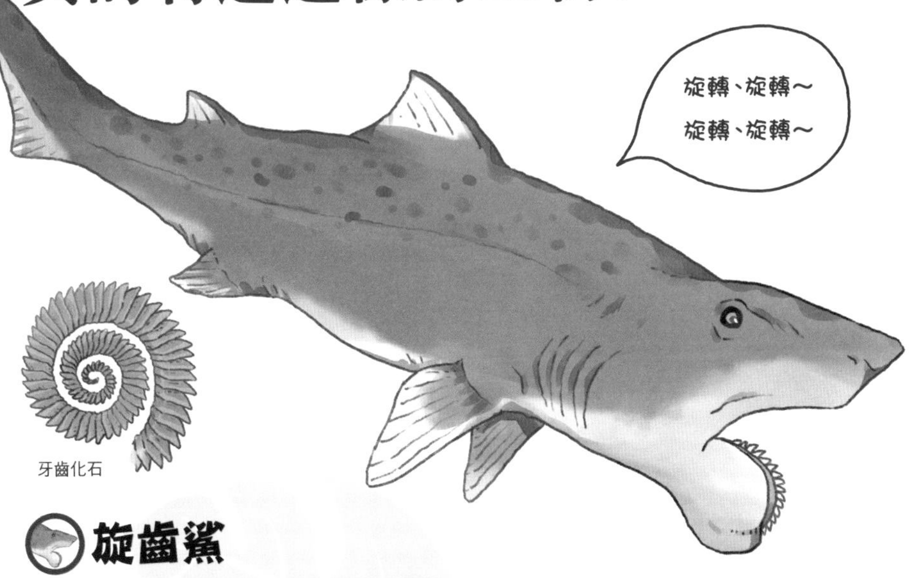

旋齒鯊

- **名稱**：旋齒鯊
- **學名**：*Helicoprion*
- **全長**：3m
- **化石產地**：美國、加拿大、日本等
- **生存時代**：古生代二疊紀
- **分類**：軟骨魚類 全頭類

牙齒超過100顆、螺旋狀排列的奇妙魚類。因為目前僅發現牙齒的化石，為什麼牙齒如此排列？是什麼樣的魚類？自化石發現經過一個世紀之久，仍舊是個謎。「這是上顎的牙齒，會裸露外翻於嘴巴外」、「這根本不是牙齒，而是背鰭的一部分」等等，反覆議論超過100年了。

根據2013年發表的新研究，得知其牙齒漩渦是縱向配置於下顎中央（中心線）。換言之，不是像普通動物「橫向排列的牙齒」，而是「縱向排列描繪漩渦的牙齒」。

※Unidentified Mysterious Animal的縮寫，意指在生物學上未經確認的隱棲動物，由日本取其字首稱為「UMA」。

趣味小事典：學者認為其獵物為頭足類（菊石的同伴）。

這有什麼用處呢？附帶棘刺的熨燙板

砧形背鯊

名稱：砧形背鯊
全長：60m
生存時代：古生代石炭紀
學名：*Akmonistion*
化石產地：蘇格蘭
分類：軟骨魚類

跟現代鯊魚、魟魚同為軟骨魚類的一種。背鰭的形狀非常奇特，從後頭部附近延伸，頂端展成水平，形似現代的「熨燙板」。

不過，頂端並非單純的水平，水平面上密布了細小的棘刺，就像「附帶棘刺的熨燙板」。

相似的構造也出現於額頭部分，兩眼之間跟背鰭頂端一樣，密布了細小的棘刺。

這樣的構造到底有什麼用處呢？目前仍舊沒有答案。熨燙板的功用解明，受到許多人的關注。

趣味小事典：有些學者認為這可能是雄魚才有的特徵。

這根硬棒是什麼!? 「飛機頭」是男子漢的象徵?

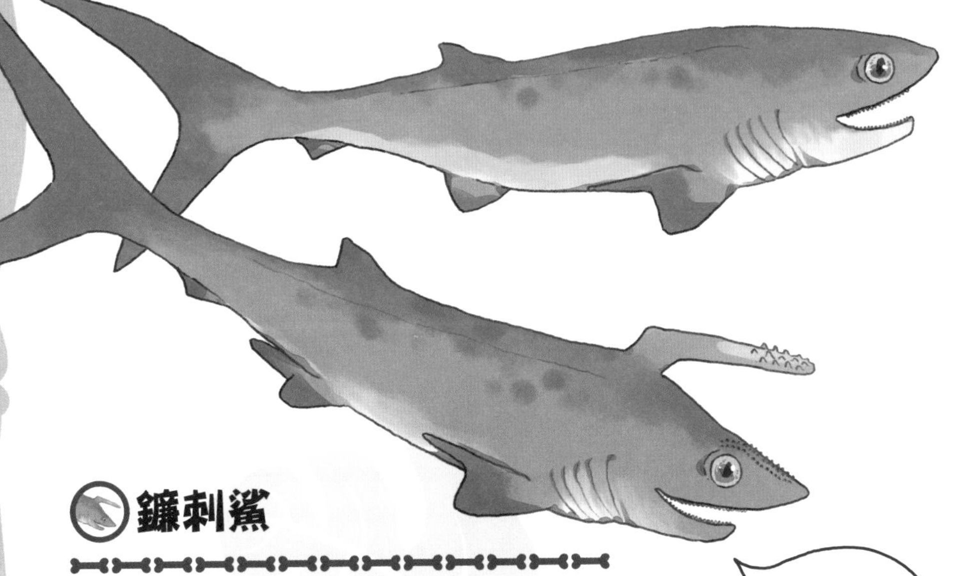

鐮刺鯊

名稱：鐮刺鯊
學名：*Falcatus*
全長：30cm
化石產地：美國
生存時代：古生代石炭紀
分類：軟骨魚類

就僅殘留堅硬組織的古生物來說，難以區別雌雄個體。然而，極少數的情況下，會發現「這是一對雌雄個體」的化石。鐮刺鯊就是其中之一。

鐮刺鯊有大小、姿態皆相似的兩種化石，但其中一種從後頭部長出「棒子」。這不是普通的棒子，它會從根部幾乎垂直長出，接著直角彎向前方生長，宛若用髮蠟固定的「飛機頭」髮型。學者認為具有此特殊形狀棒子的個體為雄性，可能是用來向雌魚展現魅力，或者在交尾時使用。

趣味小事典： 學者推測只有成熟的個體才長有棒子。

濾齒龍

「*Atopodentatus*」意為「不尋常的牙齒」，起初復原成臉部縱向裂開、內側生長牙齒的獨特樣貌。

名稱：濾齒龍　　**學名**：*Atopodentatus*

全長：2.8m　　**化石產地**：中國

生存時代：中生代三疊紀　　**分類**：爬蟲類

２０１４年，學者提出了長脖子、長尾巴、短四肢、奇妙臉孔的海棲爬蟲類化石。

要說哪裡奇妙的話，上顎前端的「喙嘴」突然大角度向下生長，能夠縱向裂開。而且，裂口處密布了３５０顆以上的細小牙齒。

研究人員自身也形容「非與倫比異樣」的臉孔，被認為適合捕食棲息於水底泥中的微生物。牠們可能是用嘴巴連同泥土整個吃進去，再用裂口的細齒過濾，僅留下獵物進食。

然而，根據２０１６年另外發現的化石，這種生物的姿態出現巨大的改變。臉孔不存在裂口，復原成嘴吻像鐵鎚頭一樣左右伸展的樣貌。該項研究指出，２０１４年的復原因化石的狀態不佳，所以才看起來像是臉孔上面有裂口。

根據新復原推測出來的生態，濾齒龍應該是捕食海底的藻類等。

小知識

2014年的研究團隊和2016年的研究團隊包含了相同的成員，研究人員自身進行修正……嘛，也會有這樣的情況。

從「臉裂」到「鎚型頭」

趣味小事典：濾齒龍被認為是最古老的「草食性海棲爬蟲類」。

爬蟲類界的長頸鹿？全長超過一半都是脖子！

我和蛇頸龍有些
不一樣喔！

長頸龍

- **名稱**：長頸龍
- **全長**：6m
- **生存時代**：中生代三疊紀
- **學名**：*Tanystropheus*
- **化石產地**：中國、法國、瑞士等
- **分類**：爬蟲類

說到「長脖子的滅絕爬蟲類」，知名的有16頁介紹的蜥腳類（恐龍類）、58頁介紹的蛇頸龍類，但長頸龍也不會輸給牠們，全長超過一半都是脖子。

然後，長頸龍的脖子跟蜥腳類、蛇頸龍類的脖子，有著決定性的差異。在後兩者家族，長脖子是由數十個頸骨（頸椎）連結構成；而長頸龍的場合，頸椎數約十個不多，但每個頸椎都很長。這和哺乳類長頸鹿是相似的構造。不過，為什麼脖子會那麼長仍舊是個謎團。

趣味小事典： 據說因為關節較少，所以長脖子的柔軟性不佳。

宛若蛇類的蜥蜴，綽號為「加賀的妖精」！

加賀仙女蜥

- **名稱**：加賀仙女蜥
- **全長**：50cm
- **生存時代**：中生代白堊紀
- **學名**：*Kaganaias*
- **化石產地**：日本
- **分類**：爬蟲類 鱗龍類

在石川縣白山市發現其化石。學名的「*Kaga*」取自加賀（石川縣的舊藩名、地區名），「*naias*」意為「水之妖精」。名字如此時髦的水棲爬蟲類，被認為過去棲息於白堊紀的沼澤。

雖然沒有蛇類那麼綿長，卻有著長大的身體。身體上長有壯碩的短小腳肢，所以學者認為牠們能夠在陸地上行走。

有學者指出加賀仙女蜥可能跟蛇類、滄龍類（64頁）的演化有關，推測是其近緣種。真的是受到世界關注的「妖精」。

趣味小事典： 在白山市的桑島化石壁發現其化石。

逼近蛇的祖先！？長有後腳的蛇

這是……
蛇足嗎？

狡蛇

- 名稱：狡蛇
- 全長：2m
- 生存時代：中生代白堊紀
- 學名：*Najash*
- 化石產地：阿根廷
- 分類：爬蟲類 蛇類

這是……蛇，但卻長有短小的後腳。

當然，現代的蛇沒有後腳。追溯蛇的演化史，可推測原本像蜥蜴一樣長有四肢，在演化的過程中失去腳肢。無前腳、殘留後腳的狡蛇，被認為是「過渡期」的物種。

為什麼蛇會失去腳肢呢？其中一種假說是，隨著半地底生活的世代交疊中，沒有四肢可能比較容易生存。狡蛇被視為「地底演化說」的證據之一。

趣味小事典：關於蛇類的誕生，還有「水中演化說」。

碎步行走生活!?
青蛙和蠑螈的共同祖先

蛙蠑

名稱：蛙蠑
全長：11cm
生存時代：古生代二疊紀
學名：*Gerobatrachus*
化石產地：美國
分類：兩生類

現生兩棲類分為三大家族：「蠑螈的同伴（有尾類）」、「裸蛇的同伴（無足類）」、「青蛙的同伴（無尾類）」。

蛙蠑被認為是有尾類和無尾類的共同祖先。近似青蛙的樣貌，但相較於青蛙的長後腳，蛙蠑的四肢差不多長。

現生青蛙會一蹦一蹦跳躍，而蛙蠑則是普通小碎步行走。然後，在狩獵時，會快速衝刺襲擊獵物。

趣味小事典： 長有短小尾巴這點，也是跟青蛙的差異之一。

「謎之齒」像海苔捲束起來的日本代表古生物！

束成圓柱的臼齒

束齒獸

- **名稱**：束齒獸
- **全長**：2.5m
- **生存時代**：新生代新第三紀
- **學名**：*Desmostylus*
- **化石產地**：日本、加拿大、美國
- **分類**：哺乳類 束柱類

在日本各地發現其化石，是日本代表的古生物之一，但也是謎團重重的古生物。

謎團在於牙齒。臼齒的形狀真的很奇妙，彷彿海苔捲將數顆牙齒束成一個圓柱。這般牙齒結構也成為家族名「束柱類」。

哺乳類的牙齒會因物種呈現有特徵性的形狀，很多時候只要發現古生物的牙齒，就能鎖定其近緣種。然而，束柱類的牙齒實在過於獨特而找不到近緣種。因此，從骨化石復原的姿態會因研究人員而異，不同博物館的展示也會有所不同。

趣味小事典： 有研究結果指出束齒獸擅長游泳。

想要慵懶掛樹也過於大隻？沒辦法爬樹的巨大懶猴

大地懶

名稱：大地懶

全長：6m

生存時代：新生代第四紀

學名：*Megatherium*

化石產地：阿根廷、玻利維亞、巴西等

分類：哺乳類 披毛類

被稱為「大懶猴」的滅絕哺乳類。一天到晚垂掛於樹上，過著緩慢的生活……說到懶猴，許多讀者會抱持這樣的印象吧。

然而，大地懶是顛覆懶猴印象的巨獸，推測全長長達6m、體重重達6t。如此龐大的身軀，不要說垂掛樹枝了，就連爬樹都很困難吧。

另一方面，據說大地懶的下顎「貧弱」，不擅於咀嚼磨碎堅硬的東西。學者認為牠們會活用長身、長手臂，將樹枝拉近進食柔軟的葉子。

趣味小事典： 有學者指出大地懶可能具有長舌頭。

是哺乳類？還是爬蟲類？
邁入恐龍時代之前的霸者！

狼蜥獸

- **名稱**：狼蜥獸
- **全長**：3.5m以上
- **生存時代**：古生代二疊紀
- **學名**：*Inostrancevia*
- **化石產地**：俄羅斯
- **分類**：單弓類 獸孔類 麗齒獸類

邁入「恐龍時代」（中生代）之前的肉食動物，歸屬「獸孔類」家族。當時，獸孔類出現許多物種，在世界各地繁衍興盛。我們哺乳類也是獸孔類的一員，狼蜥獸就像是哺乳類的遠房親戚。

君臨當時生態系頂點的肉食家族是獸孔類，而狼蜥獸以獸孔類中最大型的物種聞名，具有壯碩的下顎和尖銳的牙齒。牠們的存在就像是恐龍時代的暴龍。

在恐龍繁盛之前，我們的「親戚」有一段時期曾經是地球上的霸者。

趣味小事典： 當時的獸孔類中，也有雌雄一對共同生活的物種。

頭小、後腳也小，能夠活動頸部的鯨魚同伴

龍王鯨

- **名稱**：龍王鯨
- **全長**：20m
- **生存時代**：新生代古第三紀
- **學名**：***Basilosaurus***
- **化石產地**：美國、埃及、英國等
- **分類**：哺乳類 鯨偶蹄類 古鯨類

全長超過現生抹香鯨的滅絕鯨魚類（古鯨類）。頭部非常小，僅有全長的十分之一而已。除此之外，具有能夠活動頸部、小型後腳等，與現生鯨魚類迥異的特徵。小型後腳不是用來裝飾的，推測在交尾時能夠壓住對方。

「*Basilosaurus*」意為「帝王蜥蜴」。明明歸屬哺乳類卻稱為「蜥蜴」，這是因為在命名時誤會一場。跟人名一樣，命名的責任重大，一旦取好名字（學名）後，就不容易進行更改。命名要慎重才行。

趣味小事典：據說龍王鯨以鯊魚、小型古鯨類等為食。

在恐龍蔓延的大地上，捕食恐龍的哺乳類

爬獸

- **名稱**：爬獸
- **學名**：*Repenomamus*
- **頭體長**：80cm
- **化石產地**：中國
- **生存時代**：中生代白堊紀
- **分類**：哺乳類 真三椎齒獸類

顛覆「恐龍時代的哺乳類只有老鼠大小」過往印象的哺乳類，其尺寸可匹敵大型犬拉布拉多。

爬獸不是只有體型巨大，由壯碩的下顎和尖銳的牙齒可知，牠們是相當可怕的肉食動物。實際上，在其化石的胃部，發現了恐龍幼體的化石。對爬獸來說，恐龍是牠們的獵物。而且，該恐龍只有身體被截斷，幾乎是整隻被吞食的狀態。

雖然是能夠與恐龍對抗的哺乳類，但其所屬的真三椎齒獸類家族，隨著恐龍時代的結束跟著滅絕。

趣味小事典： 被捕食的獵物是角龍類的幼體。

劍齒虎!?豹!?
老虎!?都不對。
牠們是袋鼠的親戚。

袋劍虎

- **名稱**：袋劍虎
- **頭體長**：1m
- **生存時代**：新生代新第三紀
- **學名**：*Thylacosmilus*
- **化石產地**：阿根廷
- **分類**：單弓類 哺乳類 有袋類

長而尖銳的犬齒，近似豹、虎的姿態，「這就是傳聞中的劍齒虎啊！」有些人或許會這麼想吧。

不對，袋劍虎不是「劍齒虎」。「劍齒虎」如同其名為肉食類的貓類，是具有長犬齒的老虎總稱，而袋劍虎歸屬有袋類。換言之，牠們不屬於貓類，是袋鼠、無尾熊的同伴。

在演化的盡頭，有時會出現樣貌極為相似，但歸屬完全不同分類的動物。袋劍虎正是其中一個例子，這樣的演化稱為「收斂演化」。這邊會出考題喔（笑）。

趣味小事典： 袋劍虎被認為是下顎肌肉貧弱的動物。

感覺能夠好好相處!?貓咪和老鼠的「共同祖先」

小古貓

- **名稱**：小古貓
- **全長**：20cm
- **生存時代**：新生代古第三紀
- **學名**：*Miacis*
- **化石產地**：美國、中國、法國等
- **分類**：哺乳類 食肉類

彷彿現生黃鼠狼姿態的小古貓，是距今約5000萬年前的哺乳類。牠們具有長尾巴、短而強力的四肢，被認為是接近現生貓類、犬類、熊類、海豹類等共同祖先的存在，屬於最古老的食肉類。

當時，地球的氣候非常溫暖，世界各地由亞熱帶森林所構成。小古貓在這樣的森林中往返於地上和樹上生活著。

另外，被列為共同祖先候補的動物化石，除了小古貓還發現了幾具化石。牠們的樣貌都非常相像。食肉類是從近似黃鼠狼的小動物開始演化的。

趣味小事典： 跟貓類、犬類不同，小古貓行走時腳根會著地。

雖然獠牙莫名地長，但貓咪始終還是貓咪

偽劍齒虎

名稱：偽劍齒虎

學名：*Hoplophoneus*

頭體長：1m

化石產地：美國、加拿大、泰國

生存時代：新生代古第三紀

分類：哺乳類 食肉類 貓形類 獵貓類

大約5000萬年前出現的貓犬類共同祖先，在數百萬年後，貓的同伴（貓形類）和狗的同伴（狗形類）便分道揚鑣。

偽劍齒虎是最初期的貓形類之一。一般來說，物種會隨著演化交疊改變姿態。然而，偽劍齒虎為最初期的物種，樣貌卻跟現生貓科的獵豹相似，具有偏長的犬齒，但除此之外跟現生貓科沒有太大的區別。

換言之，貓的同伴在最初期的時候，就已經是現在的姿態。看來，這個姿態「非常理想」吧。

趣味小事典： 獵貓類約在600萬年前滅絕。

與貓的命運岔路，最初的狗是黃鼠狼!?

黃昏犬

- **名稱**：黃昏犬
- **頭體長**：40cm
- **生存時代**：新生代古第三紀
- **學名**：*Hesperocyon*
- **化石產地**：美國、加拿大
- **分類**：哺乳類 食肉類 犬形類 犬類

跟貓的同伴（貓形類）分道揚鑣後，「最初」出現的狗的同伴（犬形類）。在這個時候，就和現生的狗同樣歸屬「犬類」。

然而，其姿態跟現生犬類相去甚遠，宛若黃鼠狼一般。樣貌和共通祖先小古貓（92頁）沒有相差很多。

跟現生犬類的不同是，腳趾相當明顯。現生犬類的前腳有5根腳趾、後腳有4根腳趾，以腳尖步行。而黃昏犬的前後腳皆為5根腳趾，行走時腳跟會著地。趾爪長，被認為能夠攀爬樹木。狗演化成像狗的樣子，還需要一段時間。

趣味小事典： 有學者指出，黃昏犬就當時動物來說耳朵相當靈敏。

臉好長!!
史上最大型的肉食哺乳類
THE・大頭顱！

臉小
哪上得了檯面!

 安氏中獸

- **名稱**：安氏中獸
- **頭體長**：3.5m
- **生存時代**：新生代古第三紀
- **學名**：*Andrewsarchus*
- **化石產地**：中國（內蒙古）
- **分類**：哺乳類 中爪獸類

具有寬56㎝、長83㎝巨大頭部的滅絕哺乳類。該頭部上長有粗大的牙齒。

頭體長3．5m，屬於體型相當大的大型種。雖然跟恐龍類、長毛猛獁象等相比，可能看起來比較小隻，但作為「肉食哺乳類」，這個尺寸是史上最大型。相較於現在地球上知名大型肉食哺乳類的獅子、老虎，體型整個大上一圈，可說是具有「壓倒性」的巨大身軀。

然後，相對於頭體長3．5m，頭部長約83㎝，大概是四頭身。如此不協調的姿態，就陸上哺乳類來說屬於罕見的特徵。

趣味小事典： 包含本種在內，中爪獸類沒有留下子孫整個滅絕了。

別名取得真貼切！「巨大的殺手豬」

古巨豬

- **名稱**：古巨豬
- **頭體長**：1.5m
- **生存時代**：新生代古第三紀
- **學名**：*Archaeotherium*
- **化石產地**：美國、加拿大
- **分類**：哺乳類 鯨偶蹄類 豬豚類 巨豬類

在古生物中，不少物種都擁有「別名」。其中，古巨豬被取了駭人聽聞的別名——「巨大的殺手豬」、「來自地獄的豬」……雖然不曉得是誰取的別名，但取得真是貼切。

這些別名理所當然來自其獨特的樣貌。臉頰兩側出現板狀突出，吻部（突出的嘴巴）向前方伸長。其姿態接近現生動物的疣豬，但古巨豬比疣豬還要「高」，食性為腐肉食性，被認為「什麼都吃得進肚子」。

趣味小事典： 四肢長也是其特徵，肩高有1m。

人類祖先曾經目擊？獨角獸的原型!?

板齒犀

- **名稱**：板齒犀
- **學名**：*Elasmotherium*
- **頭體長**：4.5m
- **化石產地**：俄羅斯、土庫曼、中國等
- **生存時代**：新生代第四紀
- **分類**：哺乳類 奇蹄類 犀牛類

根據古老文獻，獨角獸的特徵是「頭為雄鹿」、「腳為大象」、「尾為野豬」、「額有長角」。沉重姿態的滅絕哺乳類板齒犀，具有「大象般的腳」、「額有長角」。其中，「額有長角」的哺乳類不多，所以有學者認為可能是獨角獸的原型。

近年的研究指出，人類祖先可能曾經見過生存於中亞的板齒犀。或許是在傳入歐洲的過程中，變成我們所知的獨角獸姿態。

趣味小事典： 犄角是由毛構成，所以沒有殘留化石。

哎!?馬和猩猩的「混種」?

砂獷獸

- **名稱**：砂獷獸
- **肩高**：1.8m
- **生存時代**：新生代新第三紀
- **學名**：*Chalicotherium*
- **化石產地**：法國、德國、澳洲等
- **分類**：哺乳類、奇蹄類、爪獸科

以馬為代表的哺乳類家族，稱為「奇蹄類」。在現生動物中，除了馬之外，貘、犀牛也屬於此家族。

砂獷獸是歸屬這個奇蹄類的滅絕哺乳類。其最大的特徵是長前腳，前腳比後腳還要長的四足動物，光是這點就是罕見的存在了。再加上，明明歸屬奇「蹄」類，具有的卻不是「蹄」而是「鉤爪」。而且，牠們不以手掌著地行走，而以輕微握拳著地行走，被認為採取「指背行走（knuckle walking）」。由這些點來看，有研究人員評論砂獷獸是「馬和猩猩的雜種」。

趣味小事典： 據說砂獷獸會把柔軟的樹葉拉近身邊進食。

這應該是河馬的祖先吧!?

鼻塌、體長腳短的「大象」

始祖象

名稱：始祖象
頭體長：2m
生存時代：新生代古第三紀
學名：*Moeritherium*
化石產地：埃及
分類：哺乳類 真獸類 長鼻類

儘管頭體長約2m，肩高卻只有60cm左右，體長腳短的初期長鼻類（大象的同伴）。樣貌近似現生的侏儒河馬，但侏儒河馬的頭體長約1.8m、肩高有1m左右。相較於侏儒河馬，始祖象的體長較長一些、腳短了許多。

學者推測，始祖象在河川、湖泊的水邊過著半陸半水的生活。歸屬「長鼻」類，卻沒有象類般的「長鼻子」。雖然也有象牙，但沒有很長。

在牠們身上還未出現「長鼻類的特徵」。

趣味小事典：長鼻類的「象牙」不是犬齒而是「切齒（門齒）」。

初期的馬類只有柴犬的大小!?

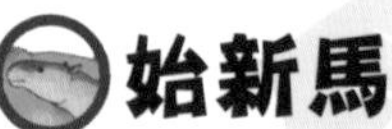

始新馬

- **名稱**：始新馬
- **頭體長**：50cm
- **生存時代**：新生代古第三紀
- **學名**：*Hyracotherium*
- **化石產地**：美國、英國、法國等
- **分類**：哺乳類 真獸類 奇蹄類 馬類

最初期的馬類。體型非常嬌小，跟現生馬類中以小型品種聞名的矮種馬（Pony）相比，只有不到三分之一的大小。這個大小與現代日本常見的柴犬、喜樂蒂牧羊犬等「稍微大隻的小型犬」差不多，沒辦法像現在的馬類一樣乘載人類移動。

另外，現生馬類的腳各只有一個蹄，而始新馬的前腳有4個、後腳有3個小型蹄。

學者推測牠們生活於樹木多的地區，腳程不像現生馬類一樣駿速。

趣味小事典： 馬類的蹄會隨著演化逐漸減少。

看起來像是馬……又是袋鼠的同伴啊！

滑距馬

- **名稱**：滑距馬
- **學名**：*Thoatherium*
- **肩高**：50cm
- **化石產地**：阿根廷
- **生存時代**：新生代新第三紀
- **分類**：單弓類 哺乳類 有袋類

滑距馬也可說是收斂演化（91頁）的代表。

雖然稍微有些小型，但苗條伸長的腿部前端只有一個蹄。其姿態酷似現生馬類，但滑距馬跟袋劍虎（91頁）一樣，同樣屬於袋鼠的同伴（有袋類）。

如同100頁所述，馬類的腳最初有複數根趾頭，趾頭數會隨著演化減少，最終變成1根趾頭（蹄）。

滑距馬的同伴，祖先同樣也是複數根趾頭。雖然到達跟馬類相同的演化路徑，但比馬類更早於1000萬年前走上該道路。

趣味小事典： 當時，南美大陸出沒許多有袋類。

哎？感覺好像少了什麼？你有察覺到不對勁嗎!?

隱齒象

- **名稱**：隱齒象
- **下顎長**：1.5m
- **生存時代**：新生代新第三紀
- **學名**：*Aphanobelodon*
- **化石產地**：中國
- **分類**：哺乳類 長鼻類

長鼻類的一種……但好像少了什麼。各位有注意到嗎？若是沒有注意到的話，請比較103頁的黃河象、142頁的諾氏古菱齒象、140頁的長毛猛獁象等……注意到了嗎？

沒錯！隱齒象的上顎沒有象牙。不管雄象、雌象、幼象、成象，跟性別世代無關，隱齒象的上顎都沒有象牙。這在長鼻類中屬於極為罕見的特徵。到底來說，學名「*Aphanobelodon*」本來就意為「不可視的前齒（牙）」。為什麼上顎沒有象牙成為一個謎。

趣味小事典：在相同的地方發現了10具隱齒象的化石。

左右象牙過於靠近，就連鼻子都無法通過？

黃河象

名稱：師氏劍齒象

肩高：3.8m

生存時代：新生代古第三紀

學名：*Stegodon zdanskyi*

化石產地：中國

分類：哺乳類 長鼻類

劍齒象是跟象類血緣相近的長鼻類家族。乍看之下，雖然與大象相似，但象類的牙是由外往內畫弧伸長，而劍齒象的牙是由內往外畫弧伸長。

劍齒象中，以暱稱「黃河象」聞名的本種，左右象牙過於向內側伸長，幾乎就要貼在一起了。因此，象牙之間沒有空間讓鼻子通過。

……原本是這麼認為，但許多學者指出「應該不會發生這種事才對」，推測可能是在地層形成化石時受到擠壓，才會如此向內側彎曲。

趣味小事典： 近緣種的象牙沒有這麼彎曲。

自1966年首次提出該化石後，一直是真面目不明、分類不明、生態不明的「謎之動物」。從扁平身軀左右伸出的細軸前端各有一隻小眼，身體的一端如同細長軟管伸長，前端呈現剪刀狀……如此不可思議的樣貌，跟現在生存於地球上的任何動物皆不相似。唯一知道的事情是，牠們可能生活於河川。

2016年，發表了檢視1200個化石的研究。該研究指出，塔利怪物有幾個跟魚相同的特徵。換言之，雖然長得有點奇怪，但塔利怪物是魚的同伴。復原圖也據此修改為近似魚的姿態。

代表美國的怪物!?結果，你們到底是什麼啊！

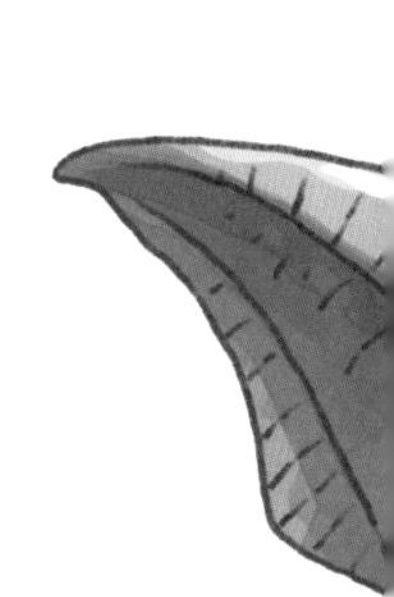

塔利怪物

在美國，知名到被伊利諾州認定為「州的化石」。然而，真面目卻仍舊謎團重重。

- **名稱**：塔利怪物
- **學名**：***Tullimonstrum***
- **全長**：40cm
- **化石產地**：美國
- **生存時代**：古生代石炭紀
- **分類**：不明

歷經50年，終於解開謎團了！……原本應是如此，但這個2016年的研究，在隔年2017年就被否定了。簡單來說，先前的研究結果「看錯了」。於是，塔利怪物又再次變回謎之動物。

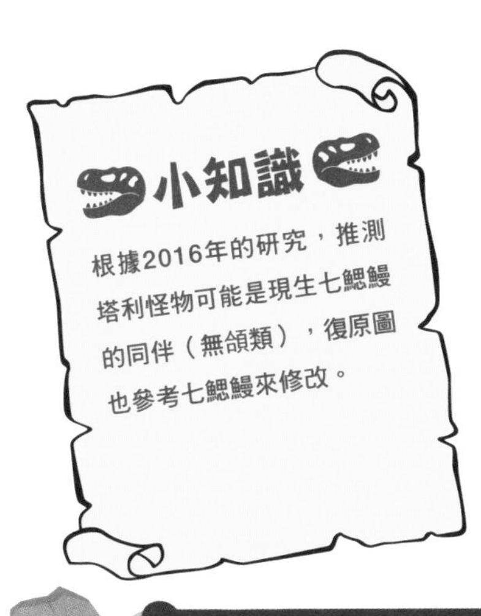

小知識

根據2016年的研究，推測塔利怪物可能是現生七鰓鰻的同伴（無頷類），復原圖也參考七鰓鰻來修改。

趣味小事典：學名取自發現者的名字，以「塔利怪物（Tully Monster）」的暱稱聞名。

左右錯開半個體節？謎之生物群的代表

狄更遜水母

- **名稱**：狄更遜水母
- **全長**：1m
- **生存時代**：前寒武紀時期埃迪卡拉紀
- **學名**：***Dickinsonia***
- **化石產地**：澳洲、俄羅斯
- **分類**：不明

距今約6億3500萬年前～約5億4100萬年前，稱為「埃迪卡拉紀（Ediacaran）」。這是本書介紹的所有時代當中，最為古老的時代。該時代生物盡是跟約5億4100萬年前以後生物的類緣關係不明……狄更遜水母堪稱這般謎之生物群的代表。

狄更遜水母的背部排列著體節構造，乍看之下好像普通排列，但中央線的左右兩邊錯開了「半個體節」。身體結構左右錯開……如此神奇的生物，沒有出現於後面的時代。然後，為什麼會錯開呢？目前仍舊不明。

趣味小事典：學者將當時的生物統稱為「埃迪卡拉生物群」。

海星也會嚇一跳！身體三等分的奇蹟

這樣生物已經絕無僅有了喔！

三星盤蟲

- 名稱：三星盤蟲
- 直徑：5cm
- 生存時代：前寒武紀時期埃迪卡拉紀
- 學名：*Tribrachidium*
- 化石產地：澳洲、俄羅斯
- 分類：不明

在本書登場的古生物中，是最為古老、全身鬆鬆軟軟的生物之一。而且，還不曉得是動物還是植物。

像是「卍」字少了一條「胳膊」的結構，從正上方來看將身體分成了三等分。這樣的結構稱為「三輻射對稱」。

三輻射對稱是相當罕見的結構。肉眼可見大小的生物，在5億4100萬年前以後就沒有發現這種結構了。在此之前，只有在埃迪卡拉紀確認到三輻射對稱的生物。

趣味小事典：舉例來說，海星的結構稱為「五輻射對稱」。

Column

想要知道更多！

古生物

復原關鍵的化石是怎麼來的？

古生物是由化石復原而成！那麼，化石又是什麼？

巨齒鯊（75頁）的化石
照片／Office GeoPalaeont

本書介紹的古生物，是從「化石」復原而成。那麼，該「化石」又是怎麼來的呢？

首先，我們先來瞭解「化石究竟是什麼？」吧。

所謂的化石，是指「生存於地質時代的生物遺骸，或者生活痕跡」。「生活痕跡」是指足跡、巢穴等跡象。聽聞「化石」，或許會認為如同其名「像石頭一樣堅硬」，但「堅硬」並不包含在化石的條件中。

化石會因狀況而有各種不同的形成過程，最為基本的是「死後的遺骸迅速被埋沒」。

若是死後的遺骸暴露荒野，會遭到肉食動物啃食、受到風雨的侵蝕。為了不發生這種憾事，死後的遺骸需要迅速被埋沒到地底下。

然後，多數被埋沒的遺骸，肌肉等軟組織會被分解，進而形成化石。此時，比如脊椎動物的骨頭，骨組織的孔洞會埋滿細微的泥粒，將周圍的成分溶進裡頭而逐漸變硬。雖然經常容易搞錯，但活體骨頭和化石骨頭的主要成分都是磷酸鈣，成分並沒有發生改變。

如此經過長時間的掩埋，便會在地底中形成化石。

化石未必跟堅硬劃上等號！形成化石需要什麼樣的條件？

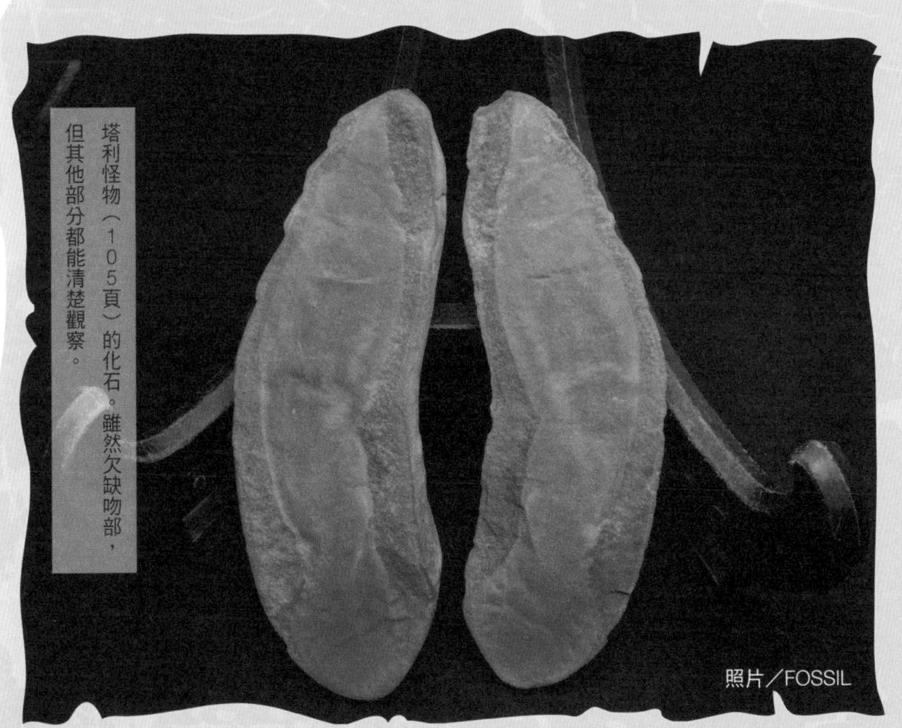

塔利怪物（105頁）的化石。雖然欠缺吻部，但其他部分都能清楚觀察。

照片／FOSSIL

第3章

讓人不禁鼓掌！

擁有一技之長的神奇古生物們

隨著研究的進行，
發現古生物們具備
超乎想像的能力！
試著跟現生生物比較，
能夠增添更多樂趣！

擁有不管在哪個時代，任誰都無法模仿的能力是很重要的事情。

海神盔蝦

繁盛於寒武紀的奇蝦類。其倖存者發現於下一世代的奧陶紀地層中。

- **名稱**：海神盔蝦
- **學名**：*Aegirocassis*
- **全長**：2m
- **化石產地**：摩洛哥
- **生存時代**：古生代奧陶紀
- **分類**：節肢動物 奇蝦類

靠背部呼吸!?
寒武紀霸者的
「正統後繼者」

就目前所知，海神盔蝦是奧陶紀唯一的奇蝦類。

其特徵在於背部和尖鰭，背部排列了水棲動物的呼吸器官——鰓。換言之，海神盔蝦是靠背部來呼吸。

再來，身軀側面上下兩排的尖鰭，也是一大特徵。上下兩排尖鰭的功用不明，但應該沒辦法用來在海底行走吧。

關於生存於寒武紀的加拿大「史上最初霸者」加拿大奇蝦，前面介紹牠沒辦法進食堅硬的獵物（41頁）。那麼，海神盔蝦的情況如何呢？據說牠們的獵物是浮游生物。

學者認為海神盔蝦的觸手具有細長的梳狀構造，能夠使用該觸手大量捕食水中的浮游生物。

換言之，就像是現在的鬚鯨類生態。

小知識

發現其化石的摩洛哥「費札瓦塔地層（Fezouata formation）」是近年因出產狀態完整的奧陶紀化石而受到關注的地層。

巨大複眼的微小生物靠「腫瘤」捕捉光線！

哥特蝦

- **名稱**：哥特蝦
- **全長**：2.7mm
- **生存時代**：古生代寒武紀
- **學名**：*Goticaris*
- **化石產地**：瑞士
- **分類**：節肢動物 甲殼類

頭部前方密布鏡片構成的複眼。雖然三葉蟲類、昆蟲類等具有複眼的動物很多，但頭部前方幾乎覆蓋複眼的物種就相當少見了。

複眼部分形似裁縫工具「頂針」，在根部長有如民間故事《摘瘤爺爺》的腫瘤結構，左右各出現一顆。民間故事的腫瘤是「麻煩的東西」，但哥特蝦的「腫瘤」可能是正中眼。所謂的正中眼，是指特化感知光線的眼睛。換言之，學者推測哥特蝦是以複眼掌握周遭景色，並以「腫瘤」感知明暗。

趣味小事典：其大小也是值得關注的地方，哥特蝦非常微小！

從宇宙飛來的!? 具有彩虹色犄角的生物

馬瑞拉蟲

- **名稱**：馬瑞拉蟲
- **學名**：*Marrella*
- **全長**：2.5cm
- **化石產地**：加拿大
- **生存時代**：古生代寒武紀
- **分類**：節肢動物

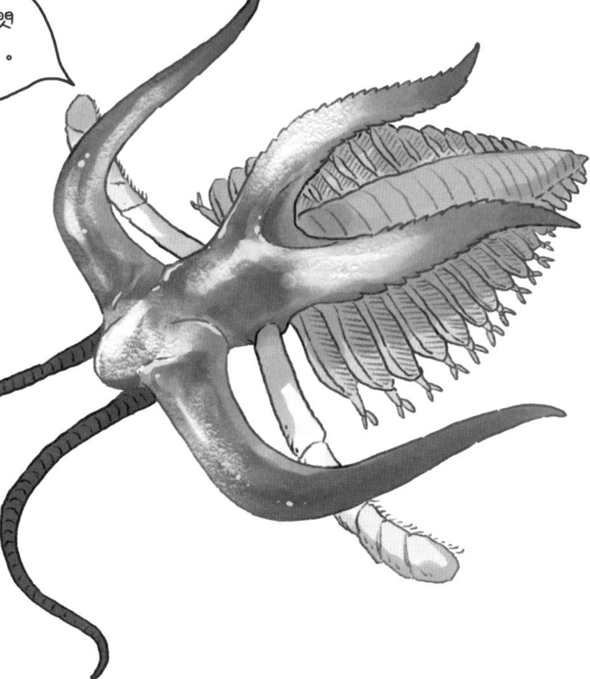

在加拿大奇蝦（44頁）們棲息的海中，活躍地四處遊動。

一般來說，變成化石的古生物基本上不曉得生前的顏色。因此，本書所繪的古生物顏色，大部分都是想像出來的。

然而，馬瑞拉蟲的犄角不一樣。其犄角上有好幾條細溝，照射到光線時會反射成彩虹色。此結構跟現代CD、DVD的背面相同，不同角度的顏色會有微妙的差異。

雖然是僅2．5cm的小型動物，但在當時的海洋，存在感應該相當搶眼吧。真是「花俏的孩子」。

趣味小事典： 因鰓排列的模樣，又被稱為「花邊蟹（Lace Crab）」。

粗獷的蝸牛!?擅長壕溝戰？

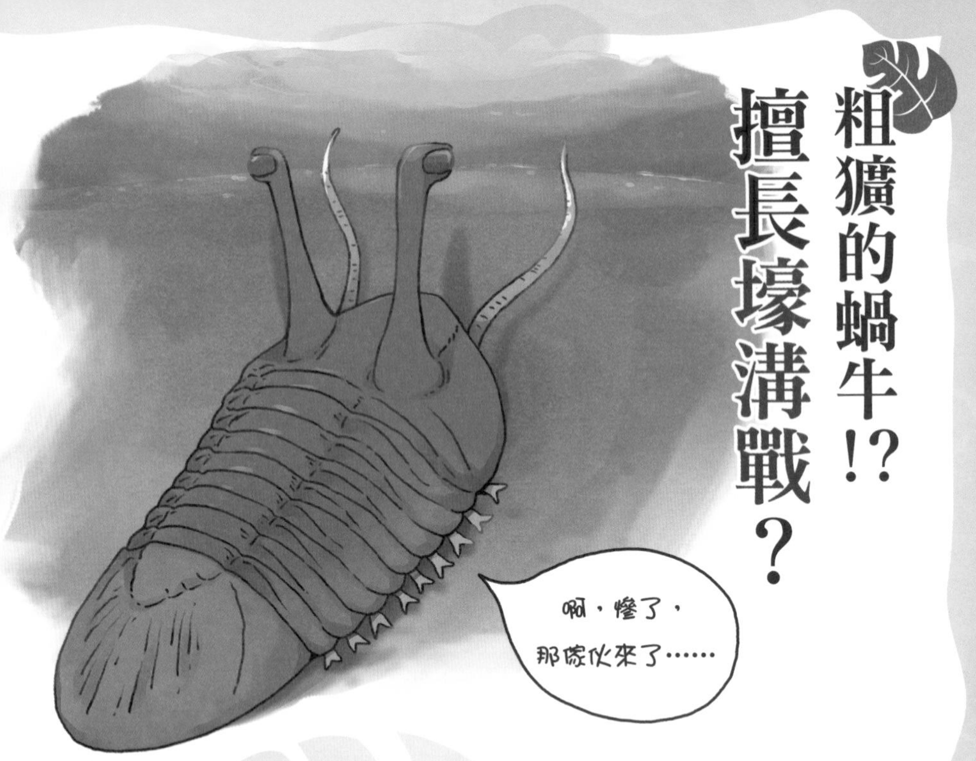

卡氏櫛蟲

- **名稱**：卡氏櫛蟲
- **全長**：11cm
- **生存時代**：古生代奧陶紀
- **學名**：*Asaphus kowalewskii*
- **化石產地**：俄羅斯、愛沙尼亞、瑞典等
- **分類**：三葉蟲類

宛若現代蝸牛的長身軀，前端長有小眼睛的三葉蟲。然而，蝸牛的「身軀」柔軟能夠伸縮自如，也可以自由調整角度，但卡氏櫛蟲的身體沒辦法伸縮，一點都不柔軟。身體以跟堅硬外殼相同的成分構成，與外殼一體化。

據說生活型態是在海底挖掘溝渠生存，溝渠的深度約為體高。換言之，如同近現代戰爭的壕溝（戰爭等時免於遭受槍擊的洞穴、戰壕），卡氏櫛蟲會將身體藏在溝中，利用高長的眼睛如潛望鏡般查探外面情況。

趣味小事典：在櫛蟲當中，沒以比卡氏櫛蟲更高個子的物種。

單靠游泳就能吃進獵物！

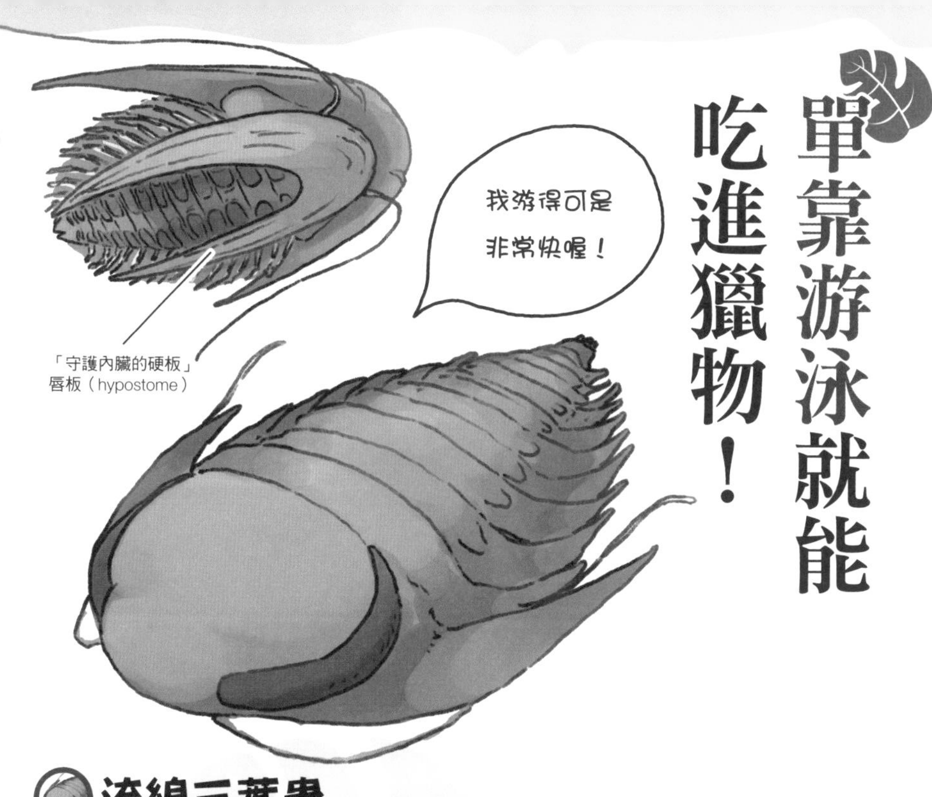

流線三葉蟲

- **名稱**：流線三葉蟲
- **全長**：26mm
- **生存時代**：古生代奧陶紀
- **學名**：*Hypodicranotus*
- **化石產地**：加拿大、美國、英國
- **分類**：節肢動物 三葉蟲類

擁有彷彿戰鬥機流線型外殼的「三葉蟲類」。在水中游泳的動物光是擁有「流線形的殼」，就可減少水的阻力高速游泳。

所有三葉蟲的胸部底下，都長著帶有鰓的附肢，內臟集中於頭部，其下方有「保護內臟的硬板」和嘴巴。流線三葉蟲的場合，此「唇板」的形狀有些特殊，除了能夠減少游泳時腹側的水阻力之外，光是向前游泳就會在殼底產生漩渦，自然將含有浮游生物、氧氣的水帶進口中和鰓。

趣味小事典：其帶狀複眼能夠確保寬廣的視線。

宛若高聳的大樓!?令人驚訝的透鏡之塔！

突眼三葉蟲

名稱：突眼三葉蟲

全長：5cm

生存時代：古生代泥盆紀

學名：*Erbenochile*

化石產地：摩洛哥

分類：節肢動物 三葉蟲類

所有三葉蟲都跟現生昆蟲類相同，具有小透鏡聚集而成的複眼。不過，該透鏡的大小會因物種而異，許多三葉蟲的複眼透鏡過於微小，以致於肉眼無法辨別各個透鏡。

突眼三葉蟲是比較大的透鏡縱向堆疊成塔狀結構，不但能夠確保縱向的寬廣視野，還可看見遠處的景物。

「複眼之塔」的頂端會稍微往水平方向突出，形成「庇護」防止正上方的光線進入透鏡。即便待在日光強烈的淺海底，突眼三葉蟲也不會輸給耀眼的光線。

趣味小事典： 近緣三葉蟲的複眼多是大透鏡。

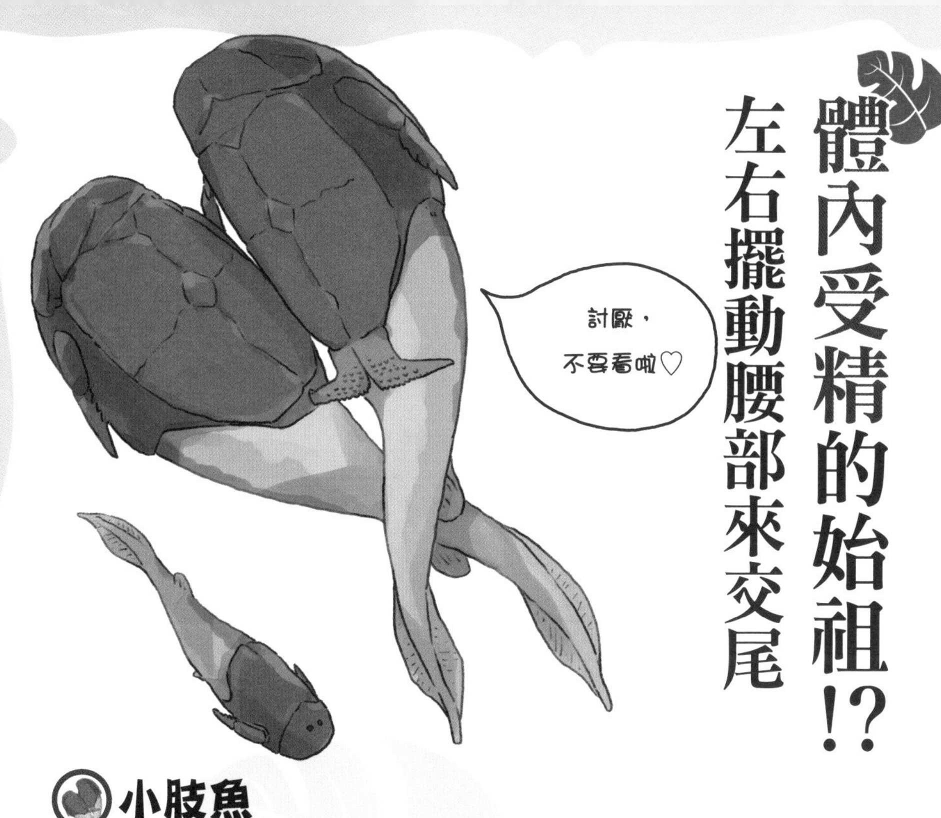

體內受精的始祖!?左右擺動腰部來交尾

小肢魚

名稱：小肢魚

全長：6cm

生存時代：古生代泥盆紀

學名：*Microbrachius*

化石產地：蘇格蘭、中國、愛沙尼亞

分類：盾皮魚類

說到魚類，有些人會想到雄魚將精子排於雌魚卵上的「體外受精」吧。然而，凡事都有例外，現生鯊魚同伴的雄鯊具有兩條稱為「交尾器（clasper）」的生殖器，會將其插入雌鯊的生殖器進行「體內受精」。

在目前已經確認「具有交尾器」的物種中，歸屬「盾皮魚類」的小肢魚是最古老的存在。雄魚的胸部後端長有向左右伸長的交尾器；雌魚的胸部後端具有生殖器的裂口。據說小肢魚的雄魚會性感地擺動腰部，將交尾器插入雌魚的生殖器中交尾。

趣味小事典： 盾皮魚類也有找到「胎生證據」的化石。

柔軟性是最大的武器!?身體能夠180度彎曲!

斯利蒙鱟

名稱：斯利蒙鱟

全長：90cm

生存時代：古生代志留紀～泥盆紀

學名：*Slimonia*

化石產地：捷克、英國、美國等

分類：節肢動物 鋏角類 板足鱟類

以四角形頭部為特徵的板足鱟類。「尾巴」的前端向水平方向擴展，邊緣具有許多鋸齒狀的結構。而且，在展開的尾巴，還會伸出一根尖銳的長棘刺。

根據2017年提出的研究報告，斯利蒙鱟的身軀能夠左右彎曲，可彎到尾巴伸出來的棘刺幾乎完全向著前方，也就是說具有彎曲將近角度180度的柔軟性。

以複數節肢確保獵物後可用棘刺穿刺，或者用尾巴前緣的鋸齒狀結構切割獵物。

趣味小事典： 學者認為斯利蒙鱟跟翼肢鱟（121頁）是近緣種。

搭載了垂直的尾翼！完全徹底的游泳結構

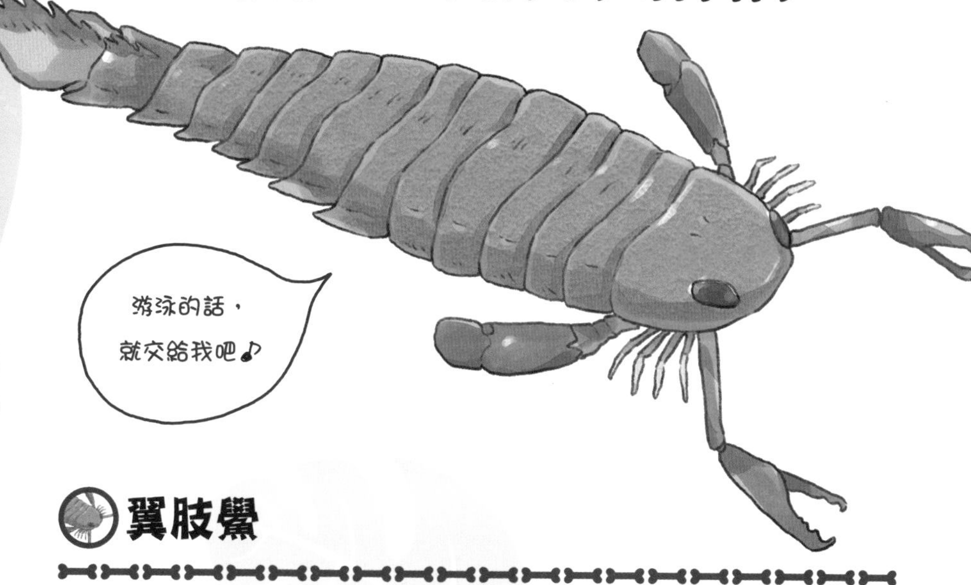

翼肢鱟

- **名稱**：翼肢鱟
- **全長**：60cm
- **生存時代**：古生代志留紀～泥盆紀
- **學名**：*Pterygotus*
- **化石產地**：美國、加拿大、英國等
- **分類**：節肢動物 鋏角類 板足鱟類

歸屬游泳能力高的板足鱟類，全身上下都可看出適應游泳的結構。

大複眼能夠鮮明觀察東西，確實捕捉高速游泳的獵物。然後，在六對附肢中，其中一對的前端形成扁平的槳狀，推測能夠產生強大的推進力。此外，身軀如同現代的高爾夫球，表面布滿細微的凹凸，可能有助於減低水的阻力。再來，「尾巴」的前端形似現代飛機的垂直尾翼，可能有助於穩定游泳時的姿勢。完完全全就是「為了游泳而生的身體」。

趣味小事典： 在板足鱟類中，翼肢鱟是數一數二的「進化型」。

異齒龍

君臨二疊紀前期的陸上世界，當時最大型的肉食動物。壯碩的下顎、偌大的牙齒，背部的「帆」也是其特徵。

- 名稱：異齒龍
- 學名：*Dimetrodon*
- 全長：3.5m
- 化石產地：美國、德國
- 生存時代：古生代二疊紀
- 分類：單弓類 「盤龍類」

背部的「帆」是最棒的進化!?還是無用之物呢?

在支撐異齒龍「帆」的骨芯中，學者認為內部有分布血管。因此，帆照射到太陽後能夠溫暖血液，迅速暖和全身上下。

異齒龍生存於整個地球寒冷的時代，尤其早晨應該相當寒冷吧。學者推測大多數的動物會蜷縮成一團，幾乎不怎麼活動。在這樣的時間帶，異齒龍會利用帆迅速溫暖身體，提早開始活動。作為肉食動物，這是相當有利的特徵。因為牠們容易狩獵剛睡起來身體冰冷而活動遲緩的獵物……。

並非所有的研究人員都贊同「靠帆來調節體溫」的假說。2014年調查異齒龍眼部骨頭結構的研究指出，牠們很有可能是夜行性動物。既然是夜行性，帆就不會照射到日光，也就沒辦法靠帆來溫暖身體。

帆的功用結果到底是什麼？目前還未有答案。

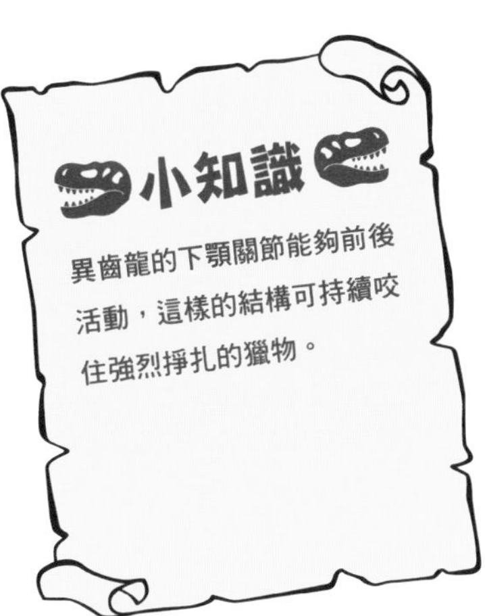

小知識
異齒龍的下顎關節能夠前後活動，這樣的結構可持續咬住強烈掙扎的獵物。

趣味小事典： 當時除了異齒龍之外，還有其他物種具有帆的構造。

左右寬廣的代謝症候群體型，二疊紀的潛盾機？

正南龜

名稱：正南龜

學名：*Eunotosaurus*

全長：50cm

化石產地：南非

生存時代：古生代二疊紀

分類：爬蟲類

身體左右寬廣的爬蟲類。這並非單純的「橫向代謝症候群」，其軀體是由寬厚的肋骨所構成。

根據2016年發表的研究，正南龜的前腳可能適合地底挖掘；眼睛可能適合在昏暗的地方生活。由這些特徵，學者推測正南龜生活於地底下。

寬廣的身軀除了防止土壤崩塌之外，還能夠穩定肩膀和手腕，有助於強力挖掘土壤前進。

彷彿現代潛盾機的爬蟲類。

趣味小事典： 此物種跟烏龜類祖先、子孫的關係爭議不斷。

尾巴帶有彎勾、手指長有鉤爪，相當擅長樹上生活

鐮龍

- **名稱**：鐮龍
- **全長**：40cm
- **生存時代**：中生代三疊紀
- **學名**：*Drepanosaurus*
- **化石產地**：義大利、美國
- **分類**：爬蟲類

尾巴前端帶有彎勾形狀的爪子，手部食指前端長有大鉤爪。而且，2016年發表的研究指出，手腕的骨頭是特別製的結構，能夠強力、有效率地使用手指的鉤爪。

這樣的鐮龍過著什麼樣的生活呢？

其為人所知的生態是樹上生活。一面巧妙利用尾巴固定自己的身體，一面用手部鉤爪剝開樹皮，挖出樹皮下的昆蟲進食。學者認為牠們過著如同侏食蟻獸（Cyclopes didactylus）的生活。真是手尾靈巧的孩子。

趣味小事典： 鐮龍可能生活於森林低層。

翅膀是摺疊式!?史上第一個滑翔動物?

空尾蜥

- 名稱：空尾蜥
- 學名：*Coelurosauravus*
- 全長：60cm
- 化石產地：德國、英國、馬達加斯加
- 生存時代：古生代二疊紀
- 分類：爬蟲類

在脊椎動物的歷史上，是「第一個飛行空中的動物」的有力候補。雖然說「飛行」，但不是如同現生多數鳥類的「振翅」，而是從高處往低處的「滑翔」。

空尾蜥的翅膀，是由腋下後面附近和從身體伸出的細小骨頭支撐著。學者認為此翅膀為可動式，不飛行時能夠摺疊於身體側邊。雖然看起來是罕見的特徵，但跟現生飛蜥（draco）的翅膀結構相似。

長而柔軟的尾巴，可能在飛行中發揮方向舵的功用。沒有翼龍類、鳥類出現的天空，或許是牠們的天國也說不定。

趣味小事典：據說翅膀照射到日光能夠溫暖身體。

身影宛若戰鬥機!?
世間罕見的「後翼飛行」

沙洛維龍

- **名稱**：沙洛維龍
- **學名**：***Sharovipteryx***
- **全長**：23cm
- **化石產地**：吉爾吉斯
- **生存時代**：中生代三疊紀
- **分類**：爬蟲類

一般來說，飛空動物的前腳具有偌大的翅膀，鳥類、翼龍類都是「前翼」動物。雖然當中也有四翼動物，但主要的翅膀還是前翼。

沙洛維龍跟這類飛翔動物有著明顯的不同，具有分別從後腳踝到尾巴、從後腳膝蓋到腋下展開皮膜的「後翼」。再來，2006年發表的研究指出，前腳也具有小型翅膀，可能如同飛機具有「前翼（Canard）」。

大後翼乘風而行，小前翼穩定著陸時的姿勢，沙洛維龍可能是「高科技」的飛行動物。

趣味小事典： 本種的前翼是理論上的存在，並未在化石上確認到。

「最初的四肢」動物不能在陸上行走？

棘被螈

- 名稱：棘被螈
- 學名：*Acanthostega*
- 全長：60cm
- 化石產地：格陵蘭
- 生存時代：古生代泥盆紀
- 分類：兩生類？

在脊椎動物的歷史上，是最初期具有四肢的動物之一。

學者推測前腳有8根趾頭，後腳也有6～8根趾頭。

雖然是脊椎動物史上具有「最初」歷史性的動物，但四肢的結構過於貧弱。因此，其四肢可能無法在缺少浮力的地上，抵抗重力支撐身體。換言之，這是在陸上沒有什麼幫助的腳。

學者推測棘被螈大概是生活在河川中，使用四肢撥開河底堆積的落葉等。

換言之，其四肢本來就不是為了行走而生的。

趣味小事典： 有學者指出，找到的化石可能都是幼體。

「自動」捕獲裝置!?「捕魚陷阱」

闊頭蜥

- **名稱**：闊頭蜥
- **全長**：1m
- **生存時代**：中生代三疊紀
- **學名**：*Gerrothorax*
- **化石產地**：德國、格陵蘭、瑞典
- **分類**：兩生類

頭部、身體扁平，四肢短小的水棲兩生類。

根據詳細分析頭部的研究，上顎不用特別施力就能張開50度，下顎能夠水平方向突出。學者推測，闊頭蜥只要巧妙使用此身體構造，就能靜靜地在水底等待作為獵物的魚類通過，再一口氣吞下。換言之，其身體結構可能具有「捕魚陷阱」的功用。

扁平偌大的下顎，也被認為有助於挖掘水底的泥土。

趣味小事典： 闊頭蜥的生態可能是集體生活。

櫻桃小口的詼諧臉蛋！飛鏢型的頭部可不是用來「裝飾」？

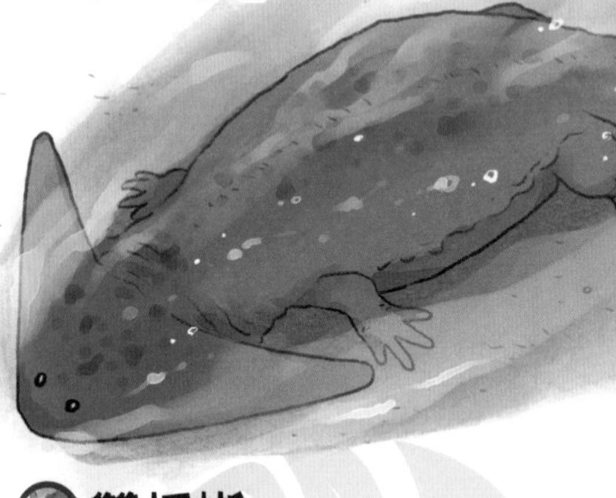

雙柄螈

名稱：雙柄螈
全長：1m
生存時代：古生代石炭紀～二疊紀
學名：*Diplocaulus*
化石產地：美國、摩洛哥
分類：兩生類

特徵為注音符號「く」型頭部的兩生類。頭部寬度最大達30cm，宛若「飛鏢」的扁平形狀。如此寬廣的頭部，卻有著「櫻桃小嘴」、眼睛接近嘴巴的獨特詼諧臉孔。由四肢短小貧弱可知無法在陸上到處行走，被認為一生幾乎都待在水中度過。另外，扁平的不只有頭部而已，身體也幾乎沒有厚度。

學者推測雙柄螈棲息於水流湍急的河川，飛鏢狀的頭部、扁平的身軀或許有助於減少水的阻力。

趣味小事典：幼體時的頭部幾乎是三角形。

臉小！脖子短！前恐龍時代的「小頭動物」

杯喙龍

- **名稱**：杯喙龍
- **全長**：超過3.5m
- **生存時代**：古生代石炭紀～二疊紀
- **學名**：*Cotylorhynchus*
- **化石產地**：美國、義大利
- **分類**：單弓類「盤龍類」卡色龍類

以肥嘟嘟的身體、小巧頭部為特徵的動物。因為頭、脖子實在過於短小，偌大的身軀會妨礙嘴巴靠近水面……「肥胖」也要有個限度吧。

2016年，有學者提出假說：包含杯喙龍的卡色龍類可能是水棲生物。的確，若是水棲生物的話，「飲水問題」就獲得解決了。

然而，這樣又出現「呼吸問題」。牠們採取肺呼吸，臉需要浮出水面才行。根據2016年的假說，推測牠們具有強力的橫隔膜，能夠在臉浮出水面的瞬間完成呼吸。

趣味小事典： 目前並未發現橫隔膜的化石。

明明是條魚卻擅長伏地挺身？這項能力有什麼意義!?

我的興趣是
鍛鍊肌肉！

提塔利克魚

- **名稱**：提塔利克魚
- **全長**：2.7m
- **生存時代**：古生代泥盆紀
- **學名**：*Tiktaalik*
- **化石產地**：加拿大
- **分類**：肉鰭類

跟陸上脊椎動物相同，提塔利克魚的胸鰭具有形成手、胳膊的骨骼，還有手腕、肘、肩等關節。然後，透過彎曲手腕，魚鰭的前端能夠觸地；藉由彎曲手肘，身體能夠上下活動。換言之，提塔利克魚是會做「伏地挺身」的魚類。

另外，已知提塔利克魚具有魚類身上罕見的腰骨。然後，牠們的尾鰭有「腳骨」，但不曉得能不能夠活動這塊骨頭。除此之外，具有頸骨等許多其他不像魚類的獨有特徵。

趣味小事典：這些特徵可能有助於在淺灘游泳。

靠圓齒咬碎硬殼！
猙獰的外表卻是罕見的貝食性！

球齒龍

- **名稱**：球齒龍
- **全長**：6m
- **生存時代**：中生代白堊紀
- **學名**：*Globidens*
- **化石產地**：美國、摩洛哥、敘利亞等
- **分類**：爬蟲類 滄龍類

說到「滄龍類」，就想到「白堊紀後期的海洋霸者」家族。觀察其口中，大部分皆為一眼就能知道是「肉食者」的尖銳牙齒。

然而，這樣的滄龍類當中，球齒龍可說是例外的存在。其牙齒完全不尖銳，牙齒前端宛若擠壓的松茸蕈傘呈現球狀，沒辦法撕裂獵物的肉。那麼，這個牙齒有什麼作用呢？

據說這有助於將海底的雙殼貝連殼整個咬碎。其實，球齒龍是「貝食性」，屬於這相當罕見的生態。

趣味小事典： 在胃的內容物中，有發現大大小小的雙殼貝化石。

雖然不擅長游泳，但夜間狩獵可是拿手絕活!?

趁大傢伙在睡覺的時候……

美溪磷酸鹽龍

- **名稱**：美溪磷酸鹽龍
- **全長**：3m不到
- **生存時代**：中生代白堊紀
- **學名**：*Phosphorosaurus ponpetelegans*
- **化石產地**：日本
- **分類**：爬蟲類 滄龍類

在北海道發現化石的小型滄龍類，不怎麼擅長游泳。

就滄龍類來說相當罕見，美溪磷酸鹽龍為「雙眼視覺」。「雙眼視覺」是透過左右眼的視野重疊，能夠立體觀測物體的「規格」。這是多數陸上肉食動物，包含我們人類在內都有的特徵。

其雙眼視覺除了「立體視覺」之外，還有「夜晚容易看清楚」的優點。學者推測不擅長游泳的本種可能活用「夜視能力」，趁著擅長游泳、身軀龐大的海棲爬蟲類們睡眠期間狩獵。

趣味小事典： 在相同海域，還有擅長游泳的大型滄龍類。

比藍鯨的眼睛還要大，夜視性能超群的眼睛

大眼魚龍

名稱：大眼魚龍
全長：4m
生存時代：中生代侏羅紀～白堊紀
學名：*Ophthalmosaurus*
化石產地：英國、俄羅斯、阿根廷等
分類：爬蟲類 魚龍類

形似海豚的魚龍類，跟蛇頸龍、滄龍類並列為「中生代三大海棲爬蟲類」。在這樣的魚龍類當中，大眼魚龍以「具有巨大的眼睛」聞名。

其眼睛的直徑竟有23cm，相當於人臉大小的巨眼。現生種中眼睛最大的藍鯨，直徑也才15cm，可以想見……。

大眼魚龍眼睛的夜視性能超群。化石分析的結果指出，規格幾乎跟現生貓類的眼睛相同。夜行性跟貓類相當，表示即便在日光到不了的深海，也能夠確保足夠距離的視野。

趣味小事典： 雖然眼睛本身沒有形成化石，但有殘留內部的骨頭。

靠長鼻子感測電力！攜帶雷達的軟骨魚類

躲起來
也沒用喔！

 長鼻鱘

- **名稱**：長鼻鱘
- **學名**：*Bandringa*
- **全長**：10cm
- **化石產地**：美國
- **生存時代**：古生代石炭紀
- **分類**：軟骨魚類

以佔全長的四成、非常長的吻部為特徵的軟骨魚類。軟骨魚類包含了現在的鯊魚類（板鰓類）、銀鮫類（全頭類）。長鼻鱘是不歸屬這兩類的滅絕種。

長鼻鱘的長吻部和身體側面，具有能夠感測微弱生物電流的特別感覺器官。生物電流是生物釋放的電力。多數生物即便只是普通地活著也會放出電流，而長鼻鱘具有能夠感測該電流的優異雷達。

學者認為透過這個雷達，長鼻鱘能夠找出潛藏在河底泥土中的獵物，用向著底部的嘴巴吸食獵物。

趣味小事典： 據說長鼻鱘會洄游淡水域和海水域。

哎!?長有四條腿卻是鯨魚的祖先?

巴基鯨

名稱：巴基鯨

全長：1m

生存時代：新生代古第三紀

學名：*Pakicetus*

化石產地：巴基斯坦、印度

分類：哺乳類 鯨偶蹄類 古鯨類

就目前所知最古老的古鯨類。

巴基鯨是現生鯨魚類的演化史源頭，由明顯的四肢外觀可知，牠們過著陸上生活。

儘管外觀跟陸上哺乳類相似，巴基鯨卻具有跟現生鯨魚類共通的特徵，那就是耳朵的構造。陸上動物是以捕捉空氣的振動來聽見聲音，而現生鯨魚類是以頭骨捕捉水中的振動來聽見聲音。巴基鯨的耳朵也是這樣的水生結構。

因此，學者認為雖然牠們會到陸地生活，但有可能是過著半水半陸的生活。

趣味小事典： 雖然說是水中，但巴基鯨不在海洋，而是在河川、湖泊生活。

在海豹的「祖先」當中，有比起可愛的臉蛋，更重視速度的傢伙！

弓海豹

- **名稱**：弓海豹
- **頭體長**：2m
- **生存時代**：新生代新第三紀
- **學名**：*Acrophoca*
- **化石產地**：祕魯、智利
- **分類**：哺乳類 食肉類 鰭腳類 海豹類

說到海豹，就想到在水族館受歡迎的動物。「圓圓的可愛臉蛋和帶有圓滾感的身軀，真是教人受不了。」肯定不少人都這麼覺得吧。然而，這些人有辦法接受本種的樣貌嗎？

弓海豹是跟「圓圓的臉蛋」相去甚遠的海豹類，其嘴吻又尖又長。

不只有嘴吻而已，相較於其他海豹類，頸部細長、身體瘦窄，整體呈現流線型的結構。在弓海豹身上，感受不到其他海豹類的「圓滾感」，明顯是特化成在水中高速來回游動的構造。

趣味小事典： 海豹類的化石種也多為「圓圓的臉蛋」。

企鵝類的祖先不擅長「冰冷的海洋」？

威瑪努企鵝

- **名稱**：威瑪努企鵝
- **學名**：*Waimanu*
- **體高**：90cm
- **化石產地**：紐西蘭
- **生存時代**：新生代古第三紀
- **分類**：鳥類 企鵝類

就目前所知最為古老的企鵝類。跟現生企鵝類相比，特徵為頸部、嘴喙較為細長。

乍看之下，與其說是企鵝，樣貌或許更接近鸊鷉。然而，和鸊鷉不同的是，威瑪努企鵝的骨頭較重，具有容易潛入水中的特徵。據說如同現生的企鵝類，威瑪努企鵝是在水中快速游動的獵人。

不過，跟現生的企鵝類有著決定性差異的地方是，威瑪努企鵝缺少在冰冷水中保持體溫的「特殊血管」。他們或許不擅長像現生企鵝潛入極地的冰冷海洋。

趣味小事典： 威瑪努企鵝只在恐龍滅絕400萬～500萬年後短暫登場。

長毛猛瑪象

英文稱為「Woolly Mammoth」，中文又稱為「長毛象」、「猛瑪象」的象類。冰河時期在北半球北部繁衍興盛。

- **名稱：**長毛猛瑪象
- **學名：***Mammuthus primigenius*
- **肩高：**3.5m
- **化石產地：**俄羅斯、日本、美國等
- **生存時代：**新生代第四紀
- **分類：**哺乳類 長鼻類 象類

靠全長大衣徹底防寒！穿越到現代的話，會熱到昏倒!?

在地球氣候極為寒冷的時代，長毛猛瑪象在從歐洲到美國的北半球北部廣袤的大地上繁衍興盛。換言之，牠們在寒冷的時期，棲息於寒冷的場所。

為什麼長毛猛瑪象能夠在如此苛刻的環境下興盛呢？這是因為牠們具極為優異的「防寒性能」。

首先，如同其名，牠們全身覆蓋了長毛。而且，這個長毛是雙層構造，分為細小柔軟的下毛和粗厚筆直的上毛，宛若穿上蓬鬆保暖的大衣。

接著，牠們的耳朵非常小。耳朵為放熱器官，面積大容易逸散體溫。然而，長毛猛瑪象的耳朵小，體溫不容易逸散。

再來，尾巴根部具有皮膚的皺褶，除排泄的時候外都能夠蓋住肛門。這也是防止體溫從肛門逸散的結構。

如此徹底的防寒性能、寒冷地結構，讓牠們能夠繁衍興盛。

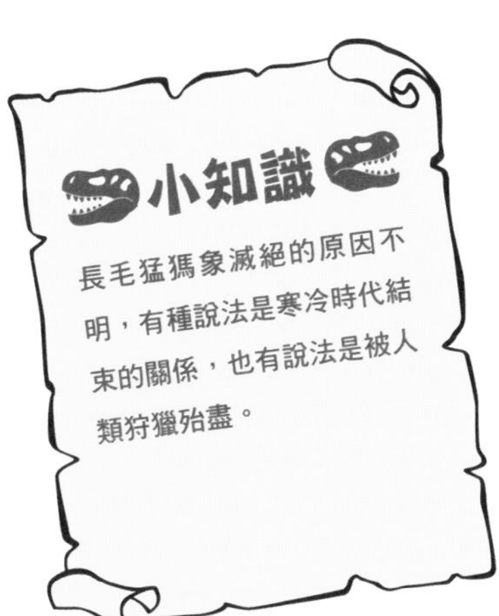

小知識
長毛猛瑪象滅絕的原因不明，有種說法是寒冷時代結束的關係，也有說法是被人類狩獵殆盡。

趣味小事典： 各個特徵都是從冷凍猛瑪象得知的。

代表日本的新潮大象!?
曾經出現在日本橋、池袋、原宿!

我曾經
游泳渡過
津輕海峽。

諾氏古菱齒象

- **名稱**：諾氏古菱齒象
- **肩高**：3m
- **生存時代**：新生代第四紀
- **學名**：*Palaeoloxodon naumanni*
- **化石產地**：日本、中國、朝鮮半島
- **分類**：哺乳類 長鼻類 象類

從北海道到九州於日本各地發現化石，代表日本的滅絕象類。諾氏古菱齒象被認為原本棲息於大陸。回顧新生代第四紀，當時的氣候經常寒冷化，嚴寒時海平面下降，使得對馬海峽、間宮海峽露出陸面，與大陸的土地相連。在這樣的「土地相連時代」，諾氏古菱齒象來到了日本。

若是寒冷時期的話，諾氏古菱齒象能夠步行移動，但遷移北海道時是在溫暖的時期。換言之，牠們能夠游泳渡過未陸化的津輕海峽。

趣味小事典： 其名稱取自明治時期來日的德國地質學家諾伊曼博士（Heinrich Naumann）。

「農耕」就交給我！具有「鏟牙」的長鼻類

鏟齒象

- **名稱**：鏟齒象
- **肩高**：2m
- **生存時代**：新生代新第三紀
- **學名**：*Platybelodon*
- **化石產地**：中國、美國、俄羅斯等
- **分類**：哺乳類 長鼻類

下顎的牙（切齒）扁平伸長，而且左右長牙緊接在一塊，搭配長下顎就像是鏟子的形狀。

長鼻類的歷史由99頁始祖象等小型種開始演化，不久後演變出各種姿態的物種，大多數都是象牙特殊化。鏟齒象是這類象牙特殊的長鼻類之一，具有代表性的存在。

學者認為如同鏟子的象牙，在沼澤地等地面柔軟的場所，有助於連根整個掘起植物。牠們可能是擅長農耕的孩子。

趣味小事典：目前還不曉得鏟齒象的鼻子長短。

長獠牙用來裝腔作勢，必殺技是貓貓拳!?

斯劍虎

- **名稱**：斯劍虎
- **頭體長**：1.7m
- **生存時代**：新生代第四紀
- **學名**：*Smilodon*
- **化石產地**：美國、玻利維亞、阿根廷等
- **分類**：哺乳類 食肉類 貓類

俗稱「劍齒虎」，長犬齒貓類的代表。整體呈現壯碩的體格，具有尾巴相當短小等令人憐愛的特徵。

顯眼的犬齒其實沒有什麼強度，尤其不耐橫方向的受力，用於戰鬥上可能會輕易地折斷吧。

另一方面，2017年發表的研究指出，斯劍虎自幼體就有相當強悍的腕力。換言之，反覆揮出壯碩前腳的「貓貓拳」，正是牠們最大的武器。

趣味小事典： 長犬齒可能是用來「給予最後一擊」。

有15隻水豚重!?超級巨大的老鼠同伴

那邊的貓咪！
要來比試一場嗎？

莫尼西鼠

名稱：莫尼西鼠
全長：3m
生存時代：新生代新第三紀
學名：*Josephoartigasia*
化石產地：烏拉圭
分類：哺乳類 嚙齒類

嚙齒類……也就是老鼠的同伴，但卻是全長3m、體重1t的巨體動物。現生嚙齒類中「最大的」水豚，全長不到1.4m、體重約為66kg，單就體重來說，莫尼西鼠相當於15隻水豚……。

莫尼西鼠不是只有單純地「巨大」而已，前齒的咬合力被認為可跟老虎匹敵。然後，據說臼齒的咬合力更是強悍。

……雖說如此，學者推測其前齒不是用來襲擊其他生物，而是用來挖掘土壤、守護自身。功能感覺像是大象的牙。

趣味小事典：其冗長的學名取自烏拉圭英雄的名字。

進化的最終階段之前？長有多餘腳趾的馬類

三趾馬

- **名稱**：三趾馬
- **肩高**：1.5m
- **生存時代**：新生代新第三紀～第四紀
- **學名**：*Hipparion*
- **化石產地**：美國、中國、西班牙等
- **分類**：哺乳類 奇蹄類 馬類

馬類是由101頁始新馬等長有複數腳趾的小型種開始演化。隨著演化進行，身軀逐漸變大、僅殘留中間的腳趾。

這個演化是「跑得快的馬生存下來的結果」。

腳部愈長，每步的腳程就愈大，能夠跑得愈快。因此，馬類除了自身大型化之外，不用腳跟而用腳尖觸地，僅以最長的中趾著地……完成延長腳程的演化。

三趾馬是接近馬類「演化最終階段」的存在，不必要的小趾還殘留在中趾兩側。

趣味小事典： 因為有3根腳趾，所以稱為「三趾馬」。

跳不起來卻會跑步！超巨大袋鼠

巨型短面袋鼠

- **名稱**：巨型短面袋鼠
- **身長**：3m
- **生存時代**：新生代第四紀
- **學名**：*Procoptodon*
- **化石產地**：澳洲
- **分類**：哺乳類 有袋類 袋鼠類

身長3m、體重240kg的大型袋鼠類。3m這個大小是能夠突破日本一般住宅天花板的高度。現生袋鼠類中的大型物種紅袋鼠（Macropus rufus），身長約1.4m、體重約85kg，由此可知巨型短面袋鼠的身軀「極其」巨大。

詳細分析化石的結果指出，巨型短面袋鼠沒辦法像現生袋鼠一樣跳躍移動。學者推測牠們上半身站立的姿態不是用來跳躍，而是跟人類一樣用兩隻腳行走、跑步。

身長3m、體重240kg的巨大身軀像運動選手跑起來，那跑姿肯定迫力十足吧。

趣味小事典： 據說巨型短面袋鼠小的時候能夠跳躍。

軟體部過於巨大造成「浮不起來的淺水艦」狀態？

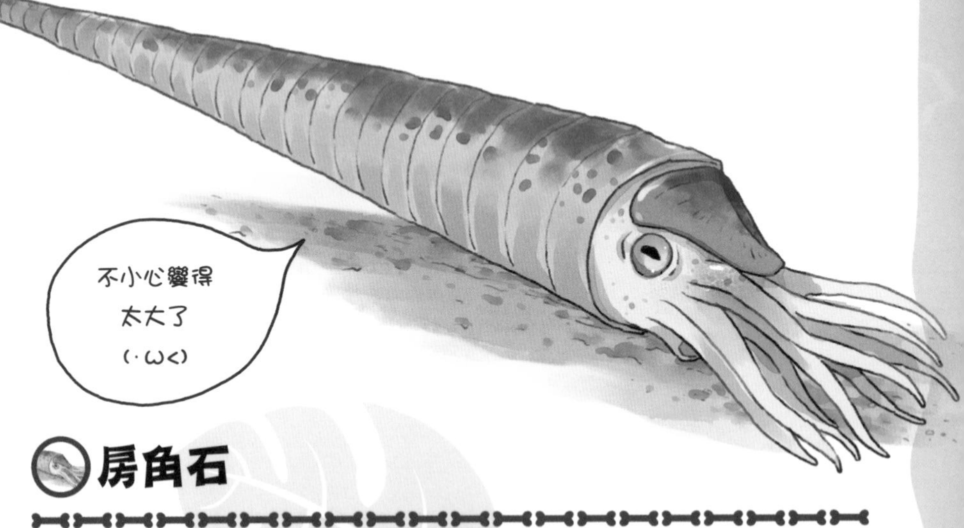

房角石

名稱：房角石
全長：6m?
生存時代：古生代奧陶紀
學名：*Cameroceras*
化石產地：美國、西班牙、瑞典等
分類：軟體動物 頭足類

全長有人說是6m也有人說是11m的巨大頭足類。在古生代奧陶紀，房角石的尺寸是前所未有的大，特徵為圓錐形的巨大外殼。這不僅限於房角石，頭足類這樣的外殼，軟體部僅進入殼開口處附近。剩下的部分是以隔壁區分的房間，透過調節房間中的液體量來控制浮力。這正好跟現代潛水艦的機制相同。

……以上是「帶殼頭足類」的一般情況。而房角石的場合，有學者認為其軟體部過大，會重到浮不起來。牠們可能是橫躺在海底，等待獵物自己靠近。

趣味小事典： 殼內的各房間以極細的管子相連。

只在原地張開嘴巴！戰略性的「無幹勁生活」

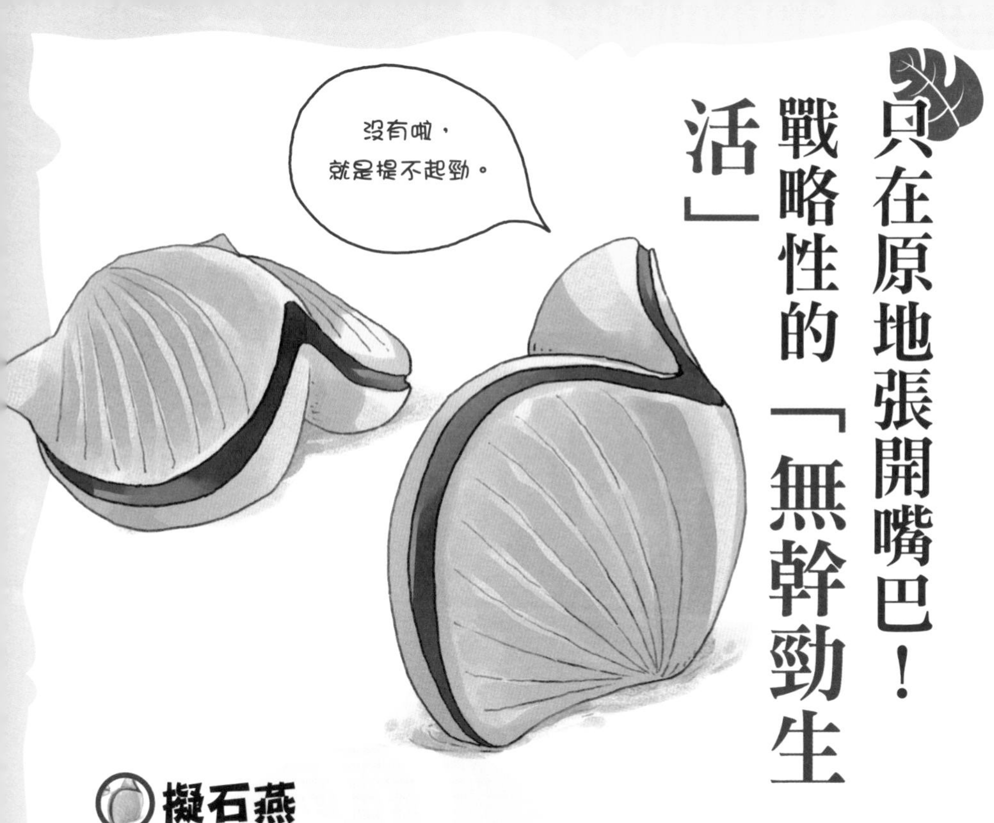

擬石燕

- 名稱：擬石燕
- 學名：*Paraspirifer*
- 殼寬：6cm
- 化石產地：美國、西班牙、中國等
- 生存時代：古生代泥盆紀
- 分類：腕足動物

腕足動物乍看之下可能會覺得像是雙殼貝類，但跟雙殼貝類不同的地方是，腕足動物的內部幾乎沒有「身體」，多是觸手捲成漩渦狀的結構。

擬石燕的外殼一部分深度凹陷，形成獨特的形狀。當然，這個形狀有其意義。在水流微弱的海底，只需要稍微打開殼，周圍的水流就會產生變化，水會自然流入殼中，在內部形成漩渦。如此一來，水中的有機物自然會被殼中的觸手捉住。這樣的捕食方法，被稱為「終極的無幹勁戰略」。

趣味小事典：吸進來的水會自然從殼的兩側排出。

到處旅行的神奇海百合

流木海百合

名稱：流木海百合

學名：*Seirocrinus*

全長：大者可成長超過10m以上

化石產地：美國、加拿大、德國

生存時代：古生代侏羅紀

分類：棘皮動物 海百合類

集體附著於流木在海洋旅行。根據流木的不同有些會附著大集團，曾經發現13m長的流木上附著約280具海百合的化石。

牠們一面委身於流木，一面捕食浮游生物等逐漸成長。流木上頭也會附著雙殼貝等，其重量總有一天會超過流木的浮力，最後連同海百合下沉。此時，牠們的旅行也就迎接結束。

莖貧弱的流木海百合沒辦法在海底自立，旅行的結束可能就是「人生」的終點。

趣味小事典： 有些幼體不直接附著於流木而黏在成體上。

連同海水「吸進」餌食的古怪海百合

蜷曲海百合

- **名稱**：蜷曲海百合
- **學名**：*Ammonicrinus*
- **全長**：10cm不到
- **化石產地**：德國、波蘭、法國
- **生存時代**：古生代泥盆紀
- **分類**：棘皮動物 海百合類

在海百合類中，罕見地橫躺於海底生活。莖的上部逐漸變寬，截面呈現「凹」字型，萼和腕捲成一團。

其捲成一團的效果，我們可在浴缸裡做到類似的體驗。手放入浴缸的水裡握拳，試著反覆緊握放鬆。如此一來，緊握時會排出拳頭裡的水；放鬆時水會進入拳頭裡面。

蜷曲海百合可能也是同樣的原理，透過捲緊放鬆腕萼蜷曲的部分，連同海水將有機物運至位於萼表面的嘴中。

趣味小事典： 據說莖的凹構造是水流通往萼的「水道」。

能夠承受激流！雖然長成這樣，卻是雙殼貝

犄角貝

名稱：犄角貝
寬：1m以上
生存時代：中生代白堊紀
學名：*Titanosarcolites*
化石產地：牙買加、美國、墨西哥等
分類：軟體動物 雙殼貝類 厚齒類

宛若水牛犄角的形狀，但卻是雙殼貝。正確來說，是「厚齒類（Pachyodonta）」這已經滅絕家族的一員。左右兩邊的殼像是犄角一樣伸長，在前端處彎曲。專家稱此形狀為「哺乳類犄角型」或者「橫臥型」。

此獨特的形狀有什麼作用呢？學者認為這大概有助於「站穩腳步」，緊貼在水流湍急的海底。

另外，厚齒類是從侏羅紀到白堊紀後期，在溫暖海洋繁衍興盛的家族。根據物種的不同，有些會大規模密集生活。

趣味小事典： 據說裡頭的貝肉不大，可能吃起來沒什麼滿足感。

貝殼重到游不起來？但擁有最強的防禦力！

高橋扇貝

- **名稱**：高橋扇貝
- **學名**：*Fortipecten takahashii*
- **殼寬**：16cm
- **化石產地**：日本、俄羅斯
- **生存時代**：新生代新第三紀
- **分類**：軟體動物 雙殼貝類

以俗稱「高橋扇貝」聞名的扇貝同伴。扇貝的兩枚外殼非常薄且結構扁平，而高橋扇貝的右殼膨大，又厚又重。

扇貝可藉由開闔外殼產生水流來游動。學者推測高橋扇貝幼小時也能這麼活動，但身軀會隨著成長變重，變得無法游動。當遭遇天敵時，比起「游泳逃走」選擇「增厚外殼提升防禦力」的雙殼貝。然而，即便如此還是滅絕了，現在只能從化石觀察到牠們的樣貌。

趣味小事典： 其貝柱可能不緊實，味道不怎麼鮮美。

死後產生寶石的卷貝，綽號為「月亮的排遺」

比卡利亞卷貝

古生物之中，在形成化石的時候，有時會出現「寶石化」的現象。比卡利亞卷貝就是其中之一，在死後會殘留蛋白石、瑪瑙等寶石。

- **名稱**：比卡利亞卷貝
- **全長**：10m
- **生存時代**：新生代古第三紀～新第三紀
- **學名**：*Vicarya*
- **化石產地**：日本、印尼、巴基斯坦等
- **分類**：軟體動物 腹足類

一般所謂的卷貝。其殼上排列著突起。

由現生近緣種棲息於紅樹林生長的溫暖濕地水域，推測比卡利亞卷貝也是相同的生態。換言之，若是在地層中發現比卡利亞卷貝的化石，就可知道跟現在的氣候無關，當時該處曾經是溫暖的場所，因此卷貝具有學術上的重要意義。

然而，提高比卡利亞卷貝的知名度，與其說是該學術性意義，不如說是其「特殊的化石」。在日本岐阜縣瑞浪市和其周邊找到的比卡利亞卷貝化石，在殼內發現二氧化矽等化學成分的沈澱結晶，出現瑪瑙、蛋白石等寶石。

而且，殼本身會溶解消失，僅

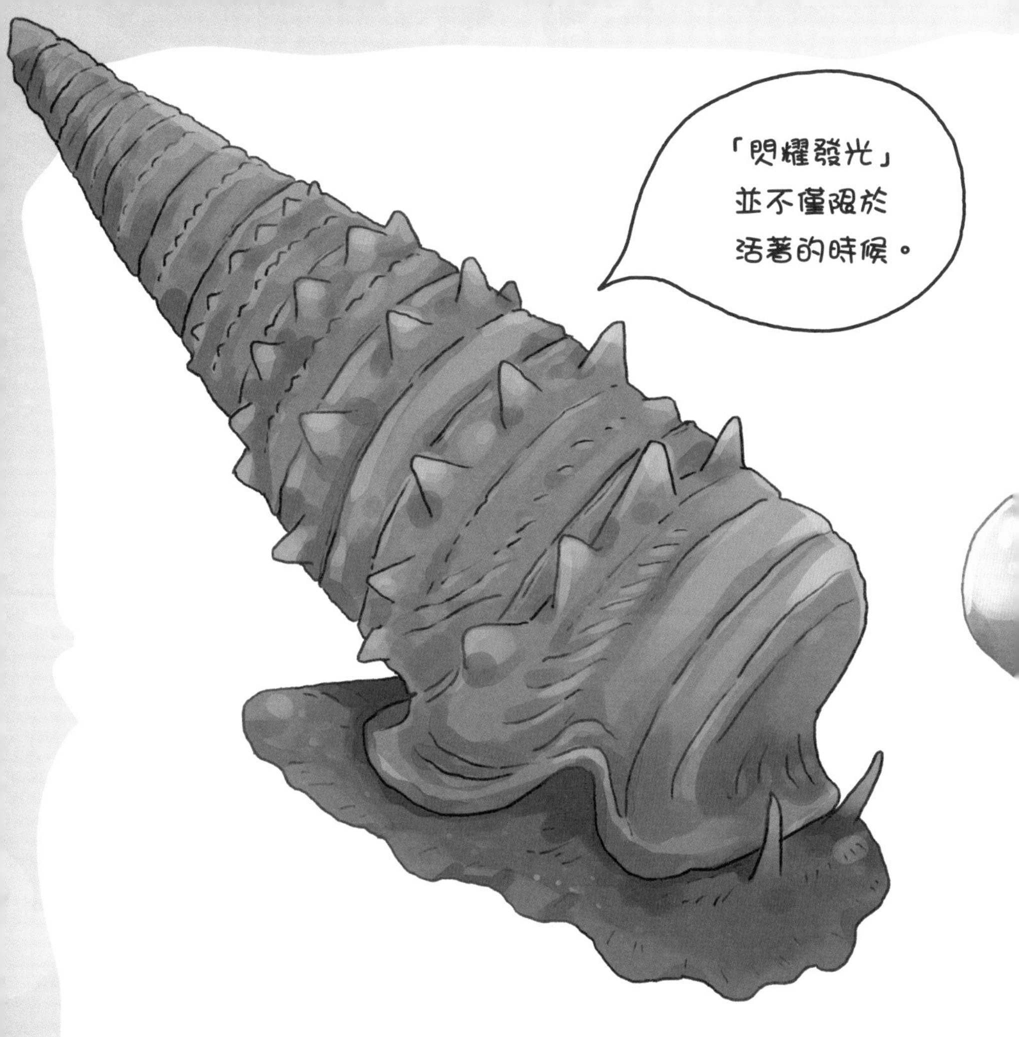

殘留描繪貝殼內部螺旋狀的寶石。

貝殼內部瑪瑙化、蛋白石化殘留下來的化石，被稱為「月亮的排遺」。「排遺」就是「糞便」的意思。由白熠生輝的樣貌聯想為月亮的排泄物，多麼雅緻的比喻啊。

小知識

如同比卡利亞卷貝，由發現其化石可推測當時的環境，這樣的生物化石稱為「指相化石」。

趣味小事典： 瑞浪市出產的「月亮的排遺」，在專家、業餘之間都很受歡迎。

結尾
然後，你的興趣也跟著進化！

本書介紹了120種古生物，各位覺得如何呢？有找到自己「推薦的古生物」嗎？

雖然「僅只120種」，但我想各位能夠從中窺見生命的多樣性吧。

生命經由演化產生形形色色的物種。不論是加拿大奇蝦、暴龍還是長毛猛獁象，都是演化後產生的結果。

在本書的最後，我想稍微聊聊「演化」這個概念。

「演化」到底是怎麼一回事呢？

簡單來說，就是──

「變化超越世代傳承下去」。

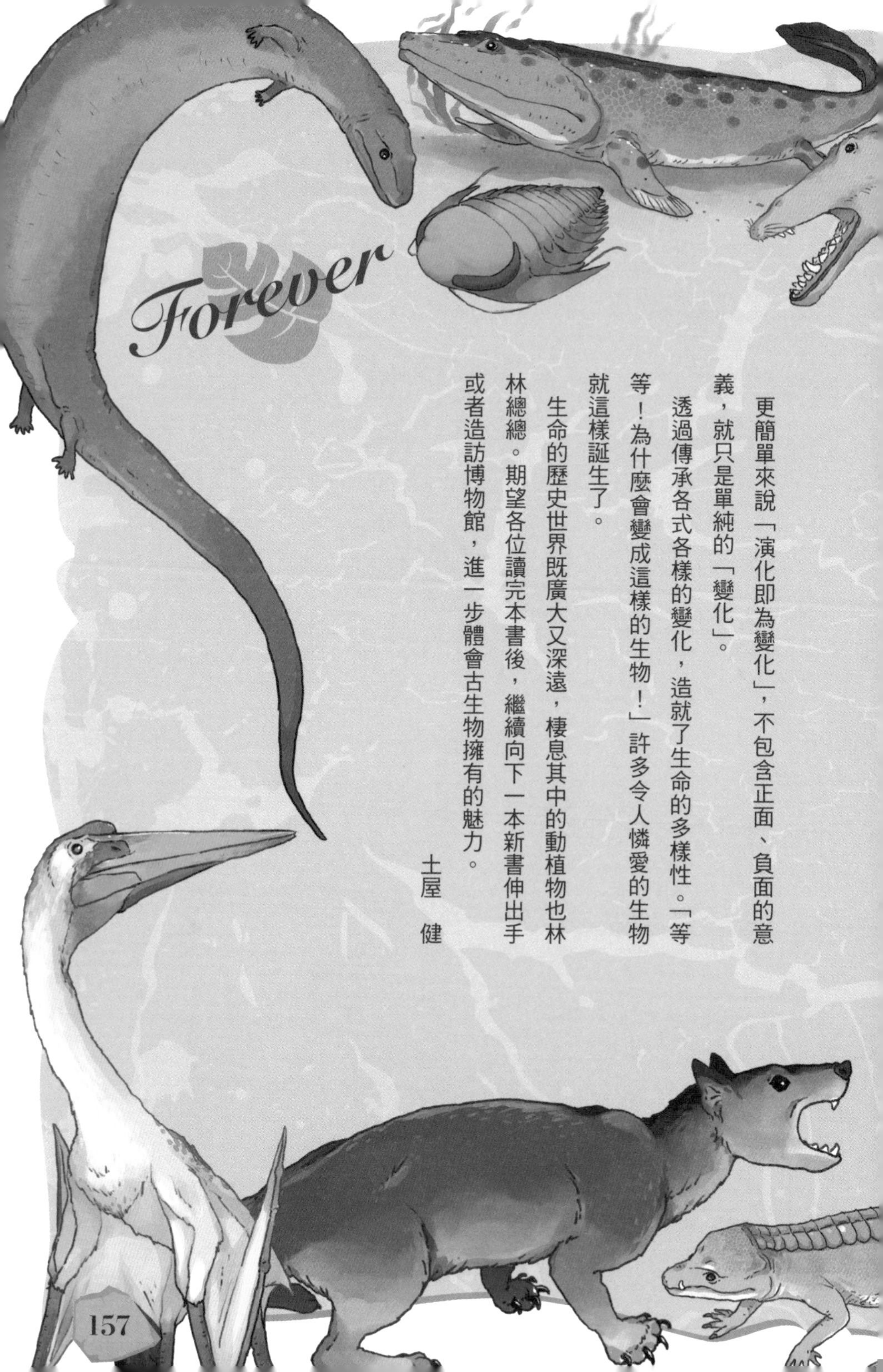

更簡單來說「演化即為變化」，不包含正面、負面的意義，就只是單純的「變化」。

透過傳承各式各樣的變化，造就了生命的多樣性。「等等！為什麼會變成這樣的生物！」許多令人憐愛的生物就這樣誕生了。

生命的歷史世界既廣大又深遠，棲息其中的動植物也林林總總。期望各位讀完本書後，繼續向下一本新書伸出手或者造訪博物館，進一步體會古生物擁有的魅力。

土屋　健

【參考資料】

獻給想要瞭解更多的讀者……

本書內容主要參考了下列文獻，沒有特別註明年代的話，是採用《International Commission on Stratigraphy, 2017/02, INTERNATIONAL STRATIGRAPHIC CHART》的數值。

《一般書籍》

『エディアカラ紀・カンブリア紀の生物』監修：群馬県立自然史博物館，著：土屋 健，2013年刊行，技術評論社

『オルドビス紀・シルル紀の生物』監修：群馬県立自然史博物館，著：土屋 健，2013年刊行，技術評論社

『怪異古生物考』監修：荻野慎諧，著：土屋 健，2018年刊行，技術評論社

『海洋生命5億年史』監修：田中源吾，冨田武照，小西卓哉，田中嘉寛，著：土屋 健，2018年刊行，文藝春秋

『化石になりたい』監修：前田晴良，著：土屋 健，2018年刊行，技術評論社

『古生物たちのふしぎな世界』協力：田中源吾，著：土屋 健，2017年刊行，講談社

『古第三紀・新第三紀・第四紀の生物 上巻』監修：群馬県立自然史博物館，著：土屋 健，2016年刊行，技術評論社

『古第三紀・新第三紀・第四紀の生物 下巻』監修：群馬県立自然史博物館，著：土屋 健，2016年刊行，技術評論社

『三畳紀の生物』監修：群馬県立自然史博物館，著：土屋 健，2015年刊行，技術評論社

『ジュラ紀の生物』監修：群馬県立自然史博物館，著：土屋 健，2015年刊行，技術評論社

『小学館の図版NEO［新版］恐竜』監修：冨田幸光，小学館，2014年刊行

『新版 絶滅哺乳類図鑑』著：冨田幸光，伊藤丙男，岡本泰子，2011年刊行，丸善株式会社

『生命史図譜』監修：群馬県立自然史博物館，著：土屋 健，2017年刊行，技術評論社

『暴龍はすごい』監修：小林快次，著：土屋 健，2015年刊行，誠文堂新光社

『デボン紀の生物』監修：群馬県立自然史博物館，著：土屋 健，2014年刊行，技術評論社

『石炭紀・ペルム紀』監修：群馬県立自然史博物館，著：土屋 健，2014年刊行，技術評論社

『白亜紀の生物 上巻』監修：群馬県立自然史博物館，著：土屋 健，2015年刊行，技術評論社

『白亜紀の生物 下巻』監修：群馬県立自然史博物館，著：土屋 健，2015年刊行，技術評論社

『The Princeton Field Guide to Dinosaurs』著：Gregory S. Paul，2016刊行，Princeton Univ Pr.

《Webサイト》

The Burgess Shale，http://burgess-shale.rom.on.ca/

《學術論文》

Adam C. Pritchard et al. 2016，Extreme Modification of the Tetrapod Forelimb in a Triassic Diapsid Reptile，Current Biology 26

Akihiro Misaki et al. 2013，Commensal anomiid bivalves on Late Cretaceous heteromorph ammonites from south - west Japan，Palaeontology，Vol.57，Issure 1

Darla K. Zelenitsky et al. 2012，Feathered Non-Avian Dinosaurs from North America Provide Insight into Wing Origins，Science，Vol.338

David J Varricchio et al. 2007，First trace and body fossil evidence of a burrowing, denning・Proc. R. Soc. B., vol.274

Dennis F. A. E. Voeten et al. 2018，Wing bone geometry reveals active flight in ***Archaeopteryx***・nature com., vol.9:923

Dieter Walossek，Klaus J. Müller，1990，Upper Cambrian stem-lineage crustaceans and their bearing upon the monophyletic origin of Crustacea and the position of ***Agnostus***，Lethaia，Vol.23

Donald M. Henderson，2010，Pterosaur body mass estimates from three-dimensional mathematical slicing・Journal of Vertebrate Paleontology, vol.30:3

Eberhard Frey et al. 1997，Gliding Mechanism in the Late Permian Reptile ***Coelurosauravus***，Science，Vol.275

Espen M. Knutsen et al. 2012，A new species of ***Pliosaurus*** (Sauropterygia: Plesiosauria) from the Middle Volgian of central Spitsbergen, Norway・Norwegian Journal of Geology, Vol.92

Farish A. Jenkins Jr et al. 2008， ***Gerrothorax pulcherrimus*** from the Upper Triassic Fleming Fjord Formation of East Greenland and a reassessment of head lifting in temnospondyl feeding，Journal of Vertebrate Paleontology，Vol.28，no.4

G. J. Dyke et al. 2016，Flight of ***Sharovipteryx mirabilis***: the world' s first delta-winged glider，THE AUTHORS，vol.19

Humberto G. Ferrón et al. 2018，Assessing metabolic constraints on the maximum body size of actinopterygians: locomotion energetics of ***Leedsichthys problematicus*** (Actinopterygii, Pachycormiformes)・Palaeontology

Jean-Bernard Caron et al. 2006，A soft-bodied mollusk with radula from the Middle Cambrian Shale，nature，Vol.442

James F. Gillooly et al. 2006，Dinosaur Fossils Predict Body Temperatures，PLoS Biology，Vol.4，Issue 8

John A. Long et al. 2014，Copulation in antiarch placoderms and the origin of gnathostome internal fertilization，nature，Vol.517

José L. Carballido，2017，A new giant titanosaur sheds light on body mass evolution among sauropod dinosaurs, Proc. R. Soc. B.，Vol.284

K. D. Angielczyk，L. Schmitz，2014，Nocturnality in synapsids predates the origin of mammals by over 100 million years，Proc. R. Soc. B.，Vol.281

Katherine Long et al. 2017，Did saber-tooth kittens grow up musclebound? A study of postnatal limb bone allometry in felids from the Pleistocene of Rancho La Brea，PLoS ONE，12(9)

Konami Ando，Shin-ichi Fujiwara，2016，Farewell to life on land – thoracic strength as a new indicator to determine paleoecology in secondary aquatic mammals，J. Anat.

Long Cheng et al. 2014，A new marine reptile from the Triassic of China, with a highly specialized feeding adaptation，Naturwissenschaften

Mark P. Witton，Darren Naish，2008，A Reappraisal of Azhdarchid Pterosaur Functional Morphology and Paleoecology，PLoS ONE 3(5)

Mark P. Witton，Michael B. Habib，2010，On the Size and Flight Diversity of Giant Pterosaurs, the Use of Birds as Pterosaur Analogues and Comments on Pterosaur Flightlessness · PLoS ONE 5(11)

Markus Lambertz et al. 2016，A caseian point for the evolution of a diaphragm homologue among the earliest synapsids，Ann. N.Y. Acad. Sci

Martin R. Smith，Jean-Bernard Caron，2015，***Hallucigenia***' s head and the pharyngeal armature of early ecdysozoans，nature，Vol.523

Martina Stein et al. 2013，Long Bone Histology and Growth Patterns in Ankylosaurs: Implications for Life History and Evolution · PLoS ONE 8(7)

Lauren Sallan et al. 2017，The 'Tully Monster' is not a vertebrate: characters, convergence and taphonomy in Palaeozoic problematic animals，Palaeontology

Leif Tapanila et al. 2013，Jaws for a spiral-tooth whorl: CT images reveal novel adaptation and phylogeny in fossil ***Helicoprion***，Biol Lett.，Vol.9

Li Chun et al，2016，The earliest herbivorous marine reptile and its remarkable jaw apparatus，Sci. Adv.，Vol.2

Olivier Lambert et al. 2010，The giant bite of a new raptorial sperm whale from the Miocene epoch of Peru · nature，Vol.466

Peter Van Roy et al. 2015，Anomalocaridid trunk limb homology revealed by a giant filter-feeder with paired flaps，nature，Vol.522

Philip G. Cox et al. 2015，Predicting bite force and cranial biomechanics in the largest fossil rodent using finite element analysis，J. Anat.，Vol.226

Philip S. L. Anderson，Mark W Westneat，2007，Feeding mechanics and bite force modelling of the skull of ***Dunkleosteus terrelli***, an ancient apex predator，Biol. Lett.，Vol.3

Phil R. Bell et al. 2017，Tyrannosauroid integument reveals conflicting patterns of gigantism and feather evolution，Biol. Lett.，Vol.13

Richard Forty，Brian Chatterton，2003，A Devonian Trilobite with an Eyeshade，Science，Vol.301

Sebastián Apesteguía，Hussam Zaher，2006，A Cretaceous terrestrial snake with robust hindlimbs and a sacrum，nature，Vol.440

Shi-Qi Wang et al, 2016， Morphological and ecological diversity of Amebelodontidae (Proboscidea, Mammalia) revealed by a Miocene fossil accumulation of an upper-tuskless proboscidean，Journal of Systematic Palaeontology

Shoji Hayashi et al. 2013，Bone Inner Structure Suggests Increasing Aquatic Adaptations in Desmostylia (Mammalia, Afrotheria)，PLoS ONE 8(4)

Takuya Konishi et al. 2015， A new halisaurine mosasaur (Squamata: Halisaurinae) from Japan: the first record in the western Pacific realm and the first documented insights into binocular vision in mosasaurs, Journal of Systematic Palaeontology

Tamaki Sato et al. 2006，A new elasmosaurid plesiosaur from the Upper Cretaceous of Fukushima, Japan，Palaeontology，Vol.49

Tyler R. Lyson et al. 2016，Fossorial Origin of the Turtle Shell，Current Biology，Vol.26

Victoria E. McCoy et al. 2016，The 'Tully monster' is a vertebrate，nature，Vol.532

W. Scott Persons IV, John Acorn，2017，A Sea Scorpion' s Strike: New Evidence of Extreme Lateral Flexibility in the Opisthosoma of Eurypterids，the american naturalist, Vol.190, no.1

Xing Xu et al. 2012，A gigantic feathered dinosaur from the Lower Cretaceous of China · nature, Vol.484

Yuta Shiino et al. 2012，Swimming capability of the remopleuridid trilobite ***Hypodicranotus striatus***: Hydrodynamic functions of the exoskeleton and the long,forked hypostome，Journal of Theoretical Biology，Vol.300

【編輯後記】

無論如何都想要分享一下……

本書當初的企劃是介紹恐龍的書籍，但會見土屋健老師，聽聞「恐龍和古生物都很有魅力」後，企劃內容逐漸「進化」，最終決定改為介紹古生物。

自己小時候相當沉迷恐龍，還想說「對於要收錄古生物，我肯定會非常囉唆！」沒想到打開來一看，盡是未知的古生物，根本幫不上任何忙……（苦笑）。每當原稿、插圖完成時，無不讓我驚訝感嘆，為牠們的魅力所著迷。

令我印象深刻的是，土屋老師、負責監修的芝原先生、負責插圖的德川先生，同樣都將古生物暱稱為「這孩子」。「這孩子無論如何都要收錄」、「是啊，這孩子也很難割捨」等（笑），感覺就像是青春期男孩在討論喜歡的偶像，實在令人莞爾，同時我也感受到古生物身上一定有什麼讓人如此著迷的要素。

順便一提，我的「私心推薦」是「犄角貝」（p.152）。雖然怪誕蟲、加拿大奇蝦也令人難以割捨，但如此粗獷的樣貌卻是「貝類」，我敗給這項事實，真想吃吃看牠的貝肉……。當像這樣對古生物的魅力欲罷不能時，「聊太久了吧！」容易出現一直聊古生物的傾向。

期望拿起本書的各位讀者，能夠找到土屋老師所說的「推薦的古生物」，「這孩子好棒」、「那孩子也不錯」與朋友暢談古生物的話題（伊勢編輯）。

TITLE

明明很可愛！古生物圖鑑

STAFF

出版	瑞昇文化事業股份有限公司
作者	土屋 健
監修	芝原曉彥
插圖	ACTOW
譯者	丁冠宏
總編輯	郭湘齡
責任編輯	張聿雯
文字編輯	徐承義　蕭妤秦
美術編輯	許菩真
排版	執筆者設計工作室
製版	明宏彩色照相製版有限公司
印刷	桂林彩色印刷股份有限公司
法律顧問	立勤國際法律事務所　黃沛聲律師
戶名	瑞昇文化事業股份有限公司
劃撥帳號	19598343
地址	新北市中和區景平路464巷2弄1-4號
電話	(02)2945-3191
傳真	(02)2945-3190
網址	www.rising-books.com.tw
Mail	deepblue@rising-books.com.tw
初版日期	2021年2月
定價	350元

ORIGINAL JAPANESE EDITION STAFF

編集	伊勢新九朗
イラスト	ACTOW（徳川広和・山本彩乃）
デザイン	若狭陽一
DTP	加藤祐生

國家圖書館出版品預行編目資料

明明很可愛!古生物圖鑑：走入史前時代一起認識地球的先祖們/土屋健作；丁冠宏譯. -- 初版. -- 新北市：瑞昇文化事業股份有限公司, 2021.02
160面；14.8x21公分
譯自：ああ、愛しき古生物たち
ISBN 978-986-401-468-2(平裝)

1.古生物學 2.爬蟲類化石 3.通俗作品

359　　109021734